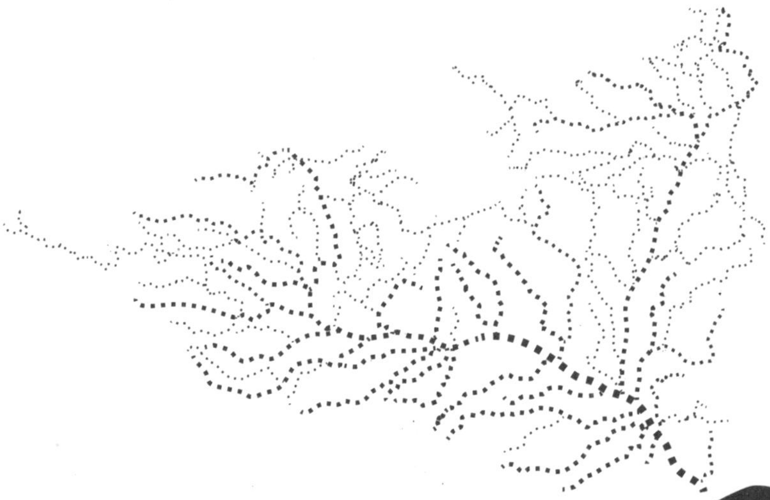

aru

revista de pesquisa intercultural da bacia do rio negro, amazônia

ano 1 ■ nº 1
outubro 2017

Aru é nome de uma frente fria que alcança a região do rio Negro, ao longo do equador terrestre, em períodos de inverno do hemisfério sul. Nas narrativas de conhecedores de diversos povos do rio Negro, Aru é o personagem que, ao avançar de leste para oeste remando rio acima, traz dias de frio e chuvisco, fertilizando roças recém-plantadas e fruteiras silvestres, também da beira do rio. Os conhecedores do rio Tiquié Armando Macedo, Mário Campos e Tarcísio Barreto relatam também que Aru atrai cardumes de peixes, desencadeando suas migrações a montante.

São muitas as variações nas narrativas sobre o Aru. Alguns de seus elementos e ideias, porém, são recorrentes e complementares. Assim como em outras narrativas associadas ao calendário, suas ações instauram e explicam processos ou cadeias de fenômenos acontecidos no passado, mas que se repetem a cada ciclo anual. Como um personagem hegemônico no tempo e no espaço, Aru navega por inúmeros rios a cada ano, trazendo o frio do sul, com o chuvisco que vai fertilizando roças e matas. Enquanto sobe, vai deixando escapar seus remos nas beiras de rios e lagos. Remos são instrumentos geradores dos ares mais amenos, que Aru espalhou por uma vasta rede de rios, e várias pessoas os encontram hoje em dia. Aru também é comumente associado a um "branco" e às coisas que lhe são próprias (roupas, música...), talvez por sua origem no leste.

Nesse volume, três textos trazem explicações de conhecedores indígenas sobre o Aru, além dos registros do conde Ermano Stradelli coletados há mais de cem anos na região e uma explicação de uma especialista em clima. Aos pesquisadores indígenas, e também aos demais, fica o convite para acrescentarem novas versões dos feitos de Aru, para tentarmos melhor entendê-lo e, ao mesmo tempo, melhor conhecermos os processos cíclicos que caracterizam essa região.

Aru foi cuidar da neta dele. Ninou-a com o canto que diz – "caso vá na cabeceira deste rio, será avó de plumas e penas de danças rituais, e se for rio abaixo será avô das roupas dos brancos"

Amando Macedo, conhecedor desana, comunidade de Duhtura (Santa Rosa), igarapé Castanha

Meu pai me contou, ele soube quando foi trabalhar piaçaba lá naquela região. Começando, digo que a casa de Aru fica no *Dipiriña*. É o rio onde ele mora, conhecido por rio Marié. Serra bem grande na beira do rio. O rio Marié, por sua presença, tem muitos peixes. E a paisagem da serra era parecida com uma cidade. Tem um caminho que vem da serra até na beira do rio. Este caminho, disse, parecia uma estrada bem limpa onde passa carros. Esta é a estrada do Aru. Contou que o Aru vinha para a beira do rio às oito horas da noite. Ele vinha com farol, buscar peixes capturados por seu jequi (*buhkawʉ*). No cercado tinha buracos para colocar essa armadilha. Ele era bem alto, usava roupas brancas, boné branco, sapato branco. Chegava no porto e apagava o farol para ver a armadilha de pesca, feita de piaçaba com maior cuidado. Depois de buscar os peixes, retornava para sua casa. Vinha de novo à meia-noite.

Wʉrʉ̃ (nome tukano do Aru, que significa bicho-preguiça) tinha seus empregados conhecidos pelos nossos antepassados por *Berabua*. Eram todos pretos. Nos tempos idos, lá tinha uma canoa grande de pedra. Era a canoa dele, com que seus empregados o levavam.

Aru é frio e vem na época de maio e junho. Nessa vinda, pesca (*dehsubaase*) vários de tipos peixes. Cerca com esteiras as entradas dos igarapés e dos lagos para os peixes não escaparem, e muitos ficam presos. Faz isso com intenção de pescar na sua descida. Por isso, depois que ele passa, quem tem armadilha de pesca pega bem nos lagos. Na descida ele captura os peixes que ficaram presos.

Ele ia para a casa da cabeceira, sem pressa. Almoçava às onze horas e depois descansava. Nesse momento se percebe um repentino calor do sol, pois ao descansar, deixa de lançar seu frio. Reiniciava sua viagem no começo da tarde e parava cedo, pelas quatro horas. Por isso que nessa hora abre um pouco o céu e sentimos calor, pois era seu momento de descansar. Todos os dias seguia essa rotina até chegar nas cabeceiras do rio. O tempo dele dura vários dias e aproximadamente depois de três semanas ele desce rio abaixo. Descendo fazia ventar em direção à foz do rio. Ia capturando peixes, fazendo pesca dos peixes de todo tipo que ficaram presos nos igarapés, lagos e poços. Quando ele retornava à casa dele, tinha uma grande festa acompanhada de músicas, danças e outros tipos de diversão. Ao ouvirem, diziam que *Wʉrʉ̃* estava retornando à casa dele.

Seus remos eram feitos de madeiras resistentes como *bʉhpo o'ori, behsu* ou *kai*. Ele não usava os remos que a gente usa, somente aqueles feitos de madeiras resistentes. Na sua passagem, às vezes Aru deixava seus pertences em certo lugar. Meu sobrinho tem um desses, que encontrou na praia, feito de *bʉhpo o'ori*. Sabemos que remos feitos com aquelas madeiras não boiam, sempre vão para o fundo do rio. Talvez seus remadores, ao remar com força, os deixassem escapulir.

O remo de Aru é de espessura bem trabalhada, fina. Os nossos antepassados pajés, ao encontrarem desse tipo de remo, usavam na cura das pessoas. Colocavam em cima da vasilha e despejavam água no corpo do paciente. Aru e seus remadores só lançam frio, nada de doenças e epidemias. Andavam juntos, mas Aru era mais alto e poderoso. Creio que atualmente ele tenha passado a ter outros meios de transporte, pois se agora temos rabeta, talvez ele também tenha.

Quando ele vem subindo no caminho do meio (do mundo), dá muito frio, quando vem no caminho do "fundo", dá pouco frio. Quando desce, às vezes vai pelo meio, às vezes pelo fundo também■

Mário Campos, conhecedor desana, comunidade São Sebastião, igarapé Umari

No início existiam Gente-árvores (*Yukʉmahsã*) que namoraram com uma pessoa, ser humano. No fim, um deles acabou ficando com ela e a levou na floresta deles. Levaram na floresta e chegaram na caatinga (floresta sobre areia), onde tem uma árvore que descasca periodicamente. Ali o marido se transformou nessa árvore e ela ficou sem rumo, abandonada na floresta. Todos se transformaram em árvores. Ela disse – "você foi uma pessoa", e se esfregou nessa madeira. Ela ficou perambulando sozinha na floresta, pois estava difícil retornar para sua casa. Nessa andança acabou gestando um bebê, que deu à luz num pé de uma samaumeira. Arrumou palhas e, no pé daquela árvore, fez cobertura para pernoitar ali.

À meia noite chegou o *Saropaʉ*. No pé daquela árvore estava um jabuti, que é como machado para *Saropaʉ*, que pegou o jabuti e bateu na sapopemba da árvore: com esse barulho o recém-nascido se assustou e chorou. Ao ouvir isso, *Saropaʉ* intrigou-se – "o que será que está acontecendo?, este mundo está ficando outro, pois nunca ouvi choro da criança". Dito isso, *Saropaʉ* pegou seu jabuti e bateu novamente. O recém-nascido de novo se assustou e chorou.

a paisagem da
serra era parecida
com uma cidade

Repetiu novamente e ecoou prolongadamente a sua batida, sinal que antecede um verão longo. Ao amanhecer, veio se aproximando da mãe. Perguntou-lhe de onde ela era, pois como ele andava o mundo todo, sabia de todos. Por fim, perguntou se ela seria a esposa dos *yukʉmahsa* e ela respondeu positivamente. Então ele lhe mostrou a direção da casa dos pais e parentes dela, recomendando que ela seguisse sua indicação.

Foi assim que ela chegou de volta em casa, que estava vazia e abandonada. Seus irmãos tinham sumido. Mesmo assim entrou. As onças conhecidas de *yai uhpiri pahkara* haviam devorado todos os seus parentes em sua ausência. Ela limpou ao redor da casa. Ao adentrar novamente a maloca, encontrou o *Wʉrʉ̃* em um dos esteios da casa. Era avô dela. Ao vê-lo, ela puxou-o para o chão. Assustado, ele disse – "favor, não me faça assim" e, desse puxão, voltou a ser pessoa. Assim, os dois fizeram o *mʉrõ bahsese* (benzimento do cigarro) com que defumaram a casa. Esse benzimento era para trazer de volta o coração (*eheri-porã*) da maloca, que daí voltou a ser habitada. Ela acolheu e deixou entrar seus pais e irmãos. Conseguiu que todos eles retornassem. *Wʉrʉ̃* foi cuidar da neta dele. Ninou-a com o canto que diz – "caso vá na cabeceira deste rio, será avó de plumas e penas de danças rituais, e se for rio abaixo, será avô das roupas dos brancos *hahaahaahhouu*". Ela ficou moça e ele foi com ela até o rio Marié, onde acabou tendo ela como sua esposa. Lá, ficava pescando (como nas outras narrativas). Depois de anos, enviou mensagem para sua sogra esperá-lo em sua chegada. Recomendou que esperasse sem falta no dia em que ele chegasse lá. Sabe, como ele traz muito frio, ela não foi esperá-lo no porto. Caso ela tivesse esperado no porto, ele iria dar-lhe um banho para ela ficar com outra pele e de outros modos. Toda vez que chega, ele vai ao seu encontro, e sempre lança frio. Considerado como *pehkasu* (branco), os antigos contavam que ele chegava com seu barco e, no dia de sua chegada, ouvia-se muitos sons de músicas■

Tarcísio Barreto, conhecedor tukano, comunidade de São Domingos, alto rio Tiquié

O *Wʉrʉ̃* existe e, geralmente, passa no mês de maio e junho. Meu irmão maior Antônio Barreto foi estudar com intenção de ser padre e andou em São Paulo e no Rio de Janeiro. Na época em que ele estava estudando lá, chegou o tempo de frio. Disse que era muito frio. Perguntou aos Guarani de lá que conheceu, que tipo de ser faz este frio, pois deve ser provocação de um ser. A resposta deles foi Aru, contou-me meu irmão maior. Ele disse que perguntou ainda que tipo de ser ele seria, pois sabemos que a gente nunca domina bem quando conhece ou começa a estudar a língua portuguesa. O colega dele ajudou, dizendo que é um tipo de animal conhecido por preguiça. Que ele vinha subindo devagar. Três, quatro dias, cinco dias vinha demorando, devagar. Era acompanhado de chuvisco. Esta informação não é dos meus avós, é de outros grupos indígenas.

Ele tinha chuva de peneiras e água de peneiras, com o que faz chuviscar acompanhado de vento. Ele fazia germinar os capins, que se tornavam campos verdejantes e bem floridos. As plantas ficavam floridas. Ele vem seguindo até chegar no *Õpekõdia*, o rio Amazonas, de onde vinham seguindo também os peixes aracus, pacus e outros, junto com a enchente de *Wʉrʉ̃*. Eles vinham comendo o que caía na água das peneiras, os que se encontram nos lagos, nos igarapés. Naquela época tinha muito peixe. Vinham seguindo até chegar na fronteira. Ele disse que foi parar no local chamado *pehepurĩ weku* (certo tipo de anta de palmeira), onde ficava duas semanas. Chegava lá e participava do círculo de *patu* (coca), tomava caxiri e dançava rituais. Depois de tudo isso, despedia-se do anfitrião. Ele via na sua descida todas as plantas e árvores floridas.

Ele era um grande 'curador' de floração das plantas, das árvores, das plantas da roça deste mundo para o bem delas. Na época da descida dele têm muitos peixes, e mesmo os moradores próximos das cachoeiras tinham então suficiente de peixes para seu consumo. Preparam-se armadilhas conhecidas por *imirõ* (cacuri portátil) para pegar peixes.

Vinha descendo até chegar no rio Marié, casa onde ele mora atualmente, pois não quis mais seguir rio abaixo. O rio é bem grande. Lá tem muitas casas abandonadas dos piaçabeiros, já se tornando floresta. Foi lá que o Aru fixou seu local de moradia, onde tinha muitas músicas de sanfona, violão e outros instrumentos musicais. Ninguém via nada, apenas se ouvia os sons vindos da serra. Ele fazia pesca com armadilhas naquela cachoeira, uma cachoeira pequena onde, na época da enchente, dá para passar de canoa, e onde tem espaços onde ele coloca armadilhas de pesca. Para nosso olhar parece uma capoeira abandonada. Algumas pessoas chegaram a abrir povoado ali, mas não suportaram, pois tem muito pium e mutuca. Peixes tem de sobra, mas os piuns não deixam fazer assado. Todo tempo tinha que ficar batendo neles.

Pouco abaixo da foz desse rio mora o João Caribe. Este tinha encontrado um remo do *Wʉrʉ̃*, que eu vi, feito de madeira resistente com todos os detalhes, bem fabricado.

Nos dias de subida do Aru começa a dar floração de *diatoa* (uirapixuna-do--rio), jenipapo, somente cunuri não tem lá. Tem alguns uacuzeiros. Diziam, nos tempos idos, que “nessa época passou Aru, por isso está acontecendo floração dessas plantas”. Assim que ele acabava de passar começava a floração. Acredito que através dessa história podem ser extraídos benzimentos (*bahsese*). Precisa concentrar-se, firmar-se, pensar e organizar a fórmula de *bahsese* para pimentas, pés de mandioca, bananeiras... para que as plantas das roças cresçam e se desenvolvam bem. Podíamos extrair no *tuoñase* a saliva dele, lançar nessa terra para que fique úmida, arejada e com cheiro bom. Ele mesmo não indicou como formular *bahsese* dessa maneira sobre o solo, mas os próprios velhos o fazem, com intenção de melhorar a roça■

Ermano Stradelli, conde italiano que viveu nessa região na virada do século XIX para o XX, tendo deixado como sua obra prima o dicionário Português-Nheengatu, Nheengatu-Português (publicado postumamente em 1929 na *Revista do Instituto Historico e Geographico Brasileiro*), também nos informa sobre o Aru.

Aru: “casta de pequeno sapo, que vive de preferência nas clareiras do mato e acode numeroso logo que se abre um roçado. Onde Aru não aparece a roça não medra. Aru transforma-se oportunamente em moço bonito, empunha o remo e vai buscar a Mãe da Mandioca, que mora nas cabeceiras do rio, para que venha visitar as roças e as faça prosperar com o seu benéfico olhar. Somente as roças bem plantadas e que agradam à Mãe da Mandioca prosperam e têm chuva oportunamente. Aru foge das que não são conservadas bem limpas e que estão invadidas por ervas daninhas, e quando desce com a Mãe da Mandioca, passa na frente delas sem parar.”

Aru apucitá: remo de Aru. Assim chamam no rio Negro uns velhos remos, ou melhor, uns restos de remos que, de tempo em tempo, se encontram nas suas margens, e que têm aspecto de objetos longamente enterrados, só ficando ainda as partes mais duras. Pelo feitio, tão diferente dos que hoje se usam, dir-se-ia pertencerem a alguma antiga tribo hoje extinta. A tradição os liga à lenda de Aru, e seriam os restos do remo de que ele se serve quando traz a Mãe da Mandioca. Afirmam que trazem prosperidade a quem os encontra e que basta queimar um pedacinho do remo de Aru, quando se queima o roçado, para que nunca mais abandone a roça e para que ela traga sempre a Mãe da Mandioca. A forma do remo, que é de madeira duríssima, é a de uma pá de forneiro, da altura de um metro e pouco, sendo o comprimento da pá de mais de um terço. Do lado da empunhadura, muito cuidadosamente trabalhados, os remos acabam em ponta, parecendo indicar que eram ao mesmo tempo remos e armas de guerra. Que são objetos muito antigos, o diz o estado em que se acham. As partes moles da madeira já não existem e em muitos casos são substituídas por depósito silicoso■

Maria Assunção Faus da Silva Dias, Instituto de Astronomia, Geofísica e Ciências Atmosféricas, Universidade de São Paulo

O fenômeno da friagem – aru – é reconhecidamente fascinante desde tempos imemoriais na Amazônia. Até hoje, meteorologistas se espantam com sua força e com a invasão de latitudes equatoriais por um fenômeno que na sua origem era uma frente fria conhecida de quem vive em latitudes mais altas.

Imagine um clima quente e úmido entremeado de chuvas abundantes e rápidas que domina a paisagem amazonense. Ao subirmos o rio Negro, esse clima tem uma constância impressionante ao longo do ano exceto por alguns dias em que tudo muda. A friagem ocorre com ventos de sul que se originam a milhares de quilômetros de distância trazendo ar frio e seco. Sabemos hoje dessa origem e a estudamos com dados meteorológicos que cobrem praticamente todo o continente. Mas imagine não ter esses dados e esse conhecimento e se deparar com o ar frio e seco que persiste por alguns poucos dias e muda tudo!

A friagem que atinge a Amazônia ocorre praticamente todos os anos. A maioria das vezes atinge a parte sudoeste e algumas raras vezes chega ao noroeste e até cruza o Equador! A massa de ar que constitui a friagem é levada por ventos de sul associados a um enorme sistema de alta pressão, que vai se deslocando vagarosamente para norte e para leste. O ar que vem com a friagem é muito seco e frio na sua origem no sul do continente. Na sua trajetória desde o norte da Argentina até o Alto Rio Negro leva entre quatro e sete dias para percorrer três mil quilômetros. Na medida que vai trafegando para norte sobre regiões tropicais, o ar vai esquentando gradativamente e assim chega ao Amazonas com temperaturas mais amenas do que aquelas que tinha na origem. Mas assim mesmo as temperaturas ao fim dessa viagem são bem mais baixas do que aquelas comumente observadas na região. A temperatura máxima do ar pode baixar de acima dos 30°C num dia para abaixo dos 20°C no dia seguinte. No sudoeste da Amazônia a temperatura pode cair 15°C de um dia para o outro. No alto rio Negro a queda de temperatura em geral é menor do que 10°C.

O ar que vem com a friagem é muito seco e frio na sua origem no sul do continente. Na sua trajetória desde o norte da Argentina até o Alto Rio Negro leva entre quatro a sete dias para percorrer três mil quilômetros

Uma pergunta frequente que ouvimos é se o clima está mudando, se mudanças climáticas alteram o curso dos ventos e se alteram a frequência com que ocorrem fenômenos raros e extremos como as friagens. Há muita controvérsia a respeito, já que nossas medidas meteorológicas têm, na melhor das hipóteses, por volta de um século e a maioria apenas algumas décadas. Seja qual for a resposta, a análise das friagens e seus impactos na região amazônica torna-se uma motivação para capturar a atenção e justificar medir temperaturas, chuvas, ventos, níveis dos rios e comportamento das plantas e dos ecossistemas. E introduzir a visão da atmosfera como sendo um todo que envolve o Planeta Terra e evolui de forma coerente através dos continentes e oceanos. E também para usar esse conhecimento e construir uma ponte entre os mitos transmitidos verbalmente por inúmeras gerações e o que sabemos hoje a partir da ciência e da tecnologia■

editorial

Esse é o primeiro número de uma publicação periódica semestral dedicada a circular a produção de conhecimentos sobre a bacia do rio Negro. Sua proposta é amplificar os conhecimentos que circulam nas comunidades para um público maior; ao mesmo tempo, abrir espaço para divulgar resultados de diferentes modalidades e trajetórias de pesquisa, estimulando iniciativas de colaboração e intercâmbio entre conhecedores e pesquisadores indígenas e não indígenas, que atuam em diferentes espaços de produção de conhecimentos sobre o noroeste amazônico, seus ciclos de vida e processos de transformação.

Serão publicados artigos, comunicações de pesquisa, ensaios, entrevistas, transcrições de falas de conhecedores indígenas (como narrativas e explicações), edições de diários ou cadernos de pesquisa, mapas e outros materiais. Esses textos são comunicações de pesquisas em andamento, elaboração de resultados parciais ou análises mais avançadas. Escrita em português, o que permite alcançar um público mais amplo, também pode acolher contribuições nas línguas indígenas, com tradução (completa ou parcial) e em espanhol. Poderão ser publicados também textos sobre temas relevantes para o contexto atual do rio Negro – manejo ambiental, ciclos biológicos, pesquisa intercultural, políticas públicas e governança ambiental e climática, mudanças climáticas, dentre outros – mesmo que não tenham esse recorte geográfico definido.

A proposta aqui é revelar as trajetórias da produção de conhecimentos, cuidando para explicitar a autoria em suas diversas expressões, como cada autor contribui para compor informações, ideias, conceitos, relações entre sentidos, uma narrativa, um texto. Pressupõe-se que conhecimento é uma composição de diferentes práticas, habilidades, experiências, ideias, assim como relações entre pessoas, dispositivos, instrumentos etc. É importante dar atenção aos diferentes mecanismos envolvidos na produção de conhecimentos – modos de saber, metodologias de pesquisa, formas de registro, modos de circulação da informação, organização dos dados, suas origens, línguas envolvidas, processos de tradução, como é feita a análise e o texto.

A publicação surge no âmbito de um amplo projeto de pesquisa e monitoramento ambiental e climático, tendo como temática central os ciclos biológicos, ecológicos e socioculturais e suas referências temporais, na escala da bacia do rio Negro. Nesse sentido, a tarefa mais imediata aqui é divulgar e tornar acessíveis conhecimentos produzidos no âmbito dos grupos de pesquisa em atividade na bacia do rio Negro, dos quais participam pesquisadores indígenas (agentes de manejo ambiental, professores e estudantes), assessores-pesquisadores do ISA e pesquisadores associados. Os temas estão relacionados ao entendimento e manejo indígena do mundo■

Esse **primeiro número** traz as diferentes seções que vão compor a Revista – edições de narrativas de conhecedores indígenas e de diários de pesquisadores das comunidades, entrevistas, comunicações sobre pesquisas em andamento, artigos e informes. O primeiro texto consiste na apresentação do projeto de pesquisa e monitoramento ambiental e climático da bacia do rio Negro e dos pesquisadores indígenas envolvidos, que atuam como Agentes Indígenas de Manejo Ambiental (AIMAs) em suas comunidades, e como estão estruturados os grupos de pesquisa do Projeto. Na sequência, vem a edição do diário de pesquisa de Rogelino Azevedo sobre o penúltimo ano tukano (novembro de 2015 a outubro de 2016) – é importante destacar que essa pesquisa começou no rio Tiquié em 2005 e alguns pesquisadores indígenas, como o próprio Rogelino, participam dela desde seu início. Segue o histórico de pesquisas sobre o tema desenvolvidas no rio Içana, elaborado por Juvêncio Dzoodzo, mostrando como esse tema foi trabalhado em diferentes contextos e momentos naquela região. O texto seguinte consiste em transcrições de falas do Sr. Leôncio e do Sr. Elisio sobre o ciclo anual no rio Jurubaxi e no rio Negro abaixo da cidade de São Gabriel da Cachoeira, respectivamente. Daí são incluídas três contribuições que focam a região de Barcelos, mais especificamente os incêndios florestais, que atingiram também roças e comunidades, no longo verão entre setembro de 2015 e março de 2016 – Sr Clarindo esclarece a dimensão e o impacto desse evento extremo para os agricultores e possíveis explicações para o fenômeno; enquanto isso o pesquisador Bernardo Flores mostra a dimensão e consequências do fogo nos igapós a partir de imagens de satélite e, por último, foi incluído um mapa dos focos de fogo e outros depoimentos de moradores, confirmando a gravidade da situação.

A parte final desse primeiro número da revista Aru contém quatro textos: o primeiro deles é o resultado inicial de uma pesquisa sobre a produção das roças do casal Oscarina e Rafael do sítio de Acará-Poço no médio Tiquié; o segundo sobre Airão e como essa casa de transformação é conhecida na narrativa de origem dos povos Tukano; o terceiro é o texto de Dagoberto Azevedo, baseado na dissertação de mestrado que elaborou na Antropologia da UFAM, sobre a terra-floresta para os Tukano, seu povo, explicitando sua própria relação com esse conhecimento; por último, encontra-se o artigo de Natalia Camps sobre o repovoamento de lagos e igarapés do médio Içana pelas ariranhas, depois de terem sido alvo de comércio de peles por décadas; esse trabalho também é um resultado de seu mestrado no INPA. A seção final traz alguns informes, o principal deles sobre o projeto de etnobotânica iniciado em 2016, envolvendo diversos pesquisadores, conhecedores e instituições.

A leitura desse conjunto de contribuições propicia uma primeira inserção no entendimento rionegrino do ciclo anual, trazendo noções centrais de transformação social e ambiental, ao mesmo tempo em que mostra uma unidade na diversidade do entendimento desses processos pelos povos do noroeste amazônicos. Vemos temas e perspectivas em diálogo entre os conhecedores de diversas regiões, o que revela a abrangência das trocas e da comunicação entre esses povos.

Esse primeiro número da revista Aru reúne um conjunto significativo da diversidade da produção de conhecimentos sobre a bacia do rio Negro, mostrando sua riqueza, complexidade e inventividade. Mais do que isso, indica a relevância e fecundidade da colaboração intercultural (não apenas entre indígenas e não indígenas, mas também entre os diferentes povos dessa região) e interdisciplinar, gerando informações e análises muito úteis para a valorização presente e futura da diversidade socioambiental da região■

sumário

ACARIQUARA

monitoramento ambiental e climático na bacia do rio negro

Esse Projeto é uma iniciativa de colaboração entre pesquisadores indígenas e não-indígenas na produção colaborativa (intercultural) de conhecimentos, promovendo e trazendo para o primeiro plano os conhecimentos e experiências dos povos indígenas de seus territórios e seu manejo. Para tanto, recorre a métodos simples de pesquisa dos ciclos anuais, desenvolvendo análises conjuntas, tendo como horizonte a governança ambiental e climática da bacia do rio Negro, com participação indígena efetiva.

Seus objetivos centrais são: (1) formar pesquisadores e lideranças indígenas para interagir criticamente com políticas públicas abrangentes – nacionais e intergovernamentais; (2) conectar as comunidades à produção de conhecimentos (e políticas) sobre as mudanças ambientais e climáticas em curso e virtuais; (3) construir formas de comunicação e interação com outras redes de produção de conhecimentos (tecno-científicas), partindo das concepções e conhecimentos indígenas sobre manejo do mundo; (4) fortalecer o manejo ambiental e a governança territorial indígena, convergindo com o atual esforço de formulação dos Planos de Gestão Territorial e Ambiental (PGTA) das terras indígenas; (5) promover incidência em políticas públicas relacionadas à região e à Amazônia, buscando a (6) governança ambiental e climática da bacia a partir das comunidades e suas instâncias de representação.

Adota como roteiro inicial de ação a ampliação da rede de Agentes Indígenas de Manejo Ambiental (AIMA) que são agentes comunitários que surgiram no contexto de crescente interesse das organizações indígenas por fortalecer a governança ambiental de seus territórios.

Ao lado indígenas em oficinas de trabalho nas diversas regiões onde as pesquisas e o monitoramento ambiental e climático estão sendo desenvolvidos.

Têm o papel de pesquisadores e animadores de acordos intercomunitários nos planos de manejo ambiental. Além de informação, diagnósticos e pesquisas, os AIMAs também promovem boas práticas de manejo nas comunidades onde moram e vizinhas, ligadas à destinação do lixo, busca de entendimentos e acordos sobre manejo de peixes, caça, frutas silvestres etc., mapeamento das diversas áreas de uso. Participam de programas de formação em pesquisa e intercâmbio de conhecimentos realizados por essas associações e escolas, em parceria com o ISA. Essa rede de AIMAs está comprometida com uma agenda de pesquisas, destacando-se a pesquisa do calendário anual e os ciclos econômico-ecológicos em seus contextos socioambientais, a partir de observações e registros diários e de conversas com os mais velhos. A equipe do Projeto está engajada em aprimorar a metodologia e o planejamento dessa pesquisa/monitoramento, introduzindo dispositivos (como tablets, e um aplicativo para coleta de informações ambientais e climáticas) para agilizar processamento e análise dos dados e sua discussão com as comunidades. A ampliação da pesquisa e monitoramento dos ciclos anuais para a escala da bacia do rio Negro será gradual e flexível, no sentido de apreender diferentes contextos sociais e ambientais, ao mesmo tempo em que mantém uma base metodológica e temática comum. Trata-se de contextos formados por uma diversidade de ecossistemas, paisagens, composição florística, de fauna, peixes, condições climáticas, assim como povos, línguas, maior ou menor integração à economia regional, distintas condições de transporte, comunicação e infraestrutura.

Nas três etapas de campo realizadas até aqui em cada uma das sub-regiões, teve início a pesquisa com conhecedores indígenas dessas regiões, seja em conversas coletivas com os pesquisadores indígenas mais jovens durante as oficinas, subsidiando-os tanto na interpretação de seus registros diários, como na confecção de representações dos ciclos anuais; seja em entrevistas sobre esses mesmos ciclos. Busca-se, assim, conhecer os processos cíclicos ecossistêmicos e o calendário socioeconômico em cada uma dessas áreas, investigando suas nuances, variações, relações e padrões espaciais e temporais.

Compartilhar e discutir informações relevantes, na profundidade que está sendo possível aqui, e com tal abrangência geográfica, é algo inédito nessa r e propiciará uma compreensão da importância d manejo integrado da bacia do rio Negro. Nesse sentido, mesmo havendo uma diversidade socioambiental considerável entre as sub-regiões envolvidas, existe também uma certa linguagem comum entre os conhecedores indígenas – não só pelo fato de que alguns deles, provenientes dos altos cursos do rio Negro e seus afluentes (sobretudo dos rios Uaupés e Içana, formadores do Negro), atualmente vivem nas proximidades ou mesmo no perímetro urbano das cidades de São Gabriel da Cachoeira, Santa Isabel do Rio Negro e Barcelos, mas também porque os diferentes povos que habitam tradicionalmente essa região formam uma certa unidade sociocultural, com diversas tradições de pensamento, cultura material, organização social e economia compartilhadas, como demonstram as muitas etnografias sobre esses povos.

Esse ambiente de produção de conhecimentos sobre o rio Negro, nessa escala e incluindo essa diversidade de trajetórias individuais e experiências localizadas, com as devidas mediações e em cooperação com pesquisadores externos, pode se tornar referência para a formação de um painel indígena sobre mudanças ambientais e climáticas na Amazônia, elevando o nível de participação dos povos indígenas e suas instituições na governança dessa região – da qual já têm direitos territoriais assegurados sobre 23% do total de sua superfície■

Agentes Indígenas de Manejo Ambiental (AIMAs)

Os AIMAs são agentes comunitários que animam as conversas e iniciativas relacionadas ao manejo ambiental, engajando-se ativamente no desenvolvimento de pesquisas relevantes, como o monitoramento de processos e fenômenos ambientais e climáticos, descrevendo e interpretando os ciclos anuais em conjunto com os conhecedores mais velhos e o pessoal do ISA, além de pesquisas sobre pesca, agricultura, caça, dentre outras eventualmente com outros parceiros. Abaixo segue uma breve biografia dos AIMAs atuantes no segundo semestre de 2017 e, no mapa (pp. 34-35), a localização das comunidades e cidades onde residem. Nos próximos números da Revista, à medida em que outras pessoas estiverem atuando, também serão apresentadas.

> "não há melhor dado pesquisado que aquele feito pelos próprios indígenas, com a participação dos comunitários e sábios tradicionais"
>
> Carlos Neri

> "registrar diariamente os conhecimentos que estão na cabeça dos nossos pais é importante, pois esses conhecimentos são argumento para o nosso trabalho de liderança e base para sustento nas nossas comunidades" Juvêncio Cardoso

Médio Rio Negro

1. Ezequias da Costa Ferreira, São Roque

Ezequias tem 21 anos, é da etnia Baré e vive na comunidade São Roque no Rio Caurés, em Barcelos. Participa das atividades de sua comunidade, como os ajuris para limpeza da comunidade, roçagem ou plantação. Participou da Conferência de Educação Escolar Indígena. Ezequias espera que esse projeto seja uma oportunidade de aprendizagem, tanto para ele quanto para os comunitários, e que os resultados do projeto sirvam de exemplo para outros trabalhos em sua região.

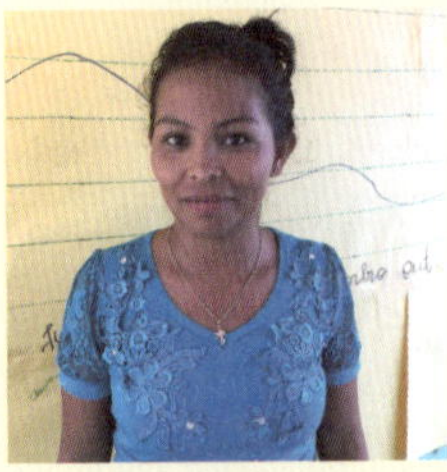

2. Juscilaura Tomás de Melo, Cauboris

Juscilaura tem 30 anos e é da etnia Baré. Mora na comunidade Cauboris, rio Negro, em Barcelos. Trabalha como como auxiliar na escola de Cauboris e gosta de participar de eventos da comunidade, igreja, palestras, oratório, etc. Sua mãe já foi presidente da Associação Indígena de Barcelos, ASIBA, e Laura sempre a acompanhou no movimento indígena. Laura espera que o projeto a ajude a ter mais conhecimento sobre a natureza, aprendendo com os antigos.

3. Cleidinaldo Soares, Barcelos

Cleidinaldo, Bʉhpo Pinõ Mahsã, tem 28 anos de idade e é da etnia Lanawa nascido na comunidade de Samaúma no Rio Demeni. É coordenador local do PMAC em Barcelos, onde mora desde 1990. "Ainda não tenho uma longa caminhada no movimento indígena, estou apenas começando e aprendendo muitas coisas. Participei do projeto de monitoramento pesqueiro (2013-2014) e do projeto de identificação dos moradores das comunidades pertencentes a Barcelos (2009-2010). No momento atuo como vice-presidente da ASIBA (2016-2020). Tenho grande expectativa com esse projeto pois, por ser ao longo prazo, vai ter muitas informações na duração do mesmo, com toda certeza importantíssimas para o nosso movimento regional e mesmo do Rio Negro; ainda mais juntando com as informações dos outros municípios, aí sim teremos informações valiosíssimas para nossos futuros filhos e netos, também fortificando a luta pelas terras que são nossas por direito. Antes de o branco chegar ao Brasil, todo dia era dia de índio."

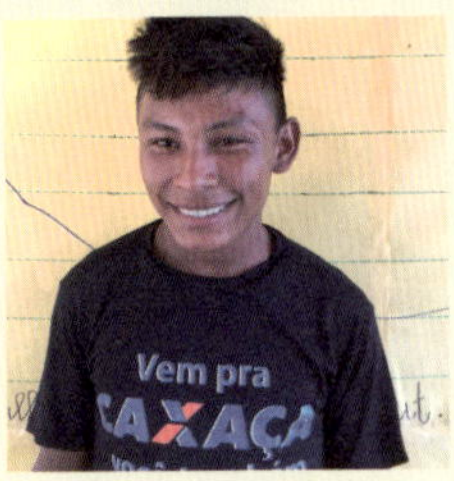

4. Jadson Martins Farias, Bacabau

Jadson, da etnia Baré, tem 22 anos. Mora na comunidade Bacabau, no rio Aracá, em Barcelos. Gosta de pescar, caçar e jogar bola. Jadson participou da oficina de capacitação do Projeto de Áudio e Vídeo – Filmes de Quintal. Como pesquisador indígena do PMAC, espera que o projeto ajude sua comunidade trazendo informações e melhorias.

5. Eliete Izidorio Girão, Cumaru

Eliete tem 26 anos, é da etnia Baniwa e moradora da comunidade Cumaru, no rio Negro em Barcelos. Eliete é falante de português e nhengatu e estudou até o segundo ano do ensino médio. Ela trabalha em agricultura e ajuda no trabalho comunitário. Eliete iniciou o trabalho como pesquisadora indígena do PMAC em 2017: "Espero que este projeto me traga conhecimento que possa trazer melhorias para minha comunidade".

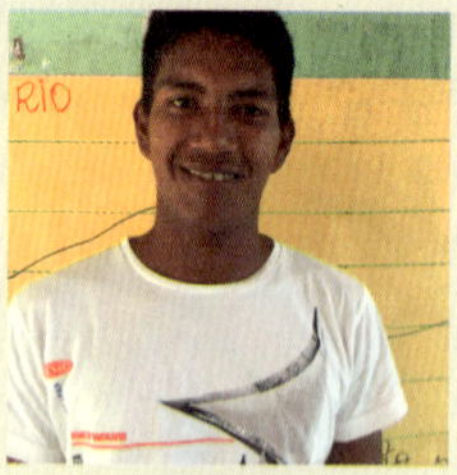

6. Onildo Cipriano da Silva, Campina do Rio Preto

Onildo tem 23 anos, é da etnia Baré, falante de nheengatu e português. Mora na comunidade Campina do Rio Preto em Santa Isabel do Rio Negro, onde é membro da Associação Indígena do Rio Preto (ACIRP). Onildo pesca, trabalha na roça e participa das atividades da comunidade. Espera que o PMAC traga conscientização e melhoria para as comunidades que participam do projeto.

7. Jefeson Melgueiro de Jesus, Canafé

Jefeson, Pixuna, tem 33 anos. É da etnia Baré e mora na comunidade Canafé no Rio Negro, em Barcelos. Ele gosta de trabalhar com plantas e animais. Jefeson é presidente da Associação Indígena de Canafé e Jurubaxi (AIACAJ). Foi vice-presidente da comunidade Campina do Rio Preto e, atualmente, é catequista em Canafé. Participando no projeto, espera ganhar mais conhecimento que possa ajudar os seus parentes no futuro.

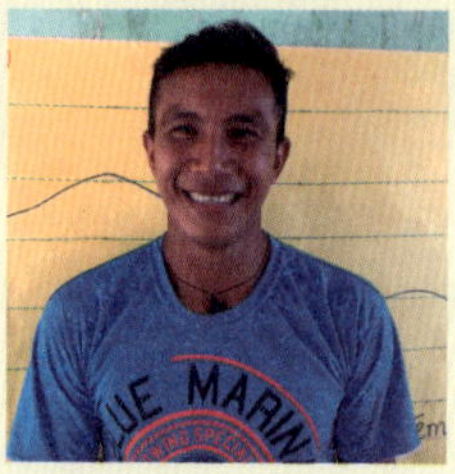

8. Adilson da Silva Joanico, Acariquara

Adilson, Walipere da etnia Baniwa, tem 24 anos. Falante de português e baniwa, vive na comunidade Acariquara – Rio Jurubaxi em Santa Isabel do Rio Negro -, onde faz parte da Associação das Comunidades Indígenas do Médio Rio Negro (ACIMRN). Adilson tem experiência com projetos indígenas de audiovisual, como o Projeto Vidas Paralelas Indígenas – PVPI/UnB; Projeto Áudio e Vídeo – Produtora Filmes de Quintal. Também participa do Conselho da Roça e da Curadoria Participativa da Exposição do Sistema Agrícola Tradicional do Rio Negro no Museu da Amazônia. Ele está gostando de participar como pesquisador do PMAC.

9. Carlos Alberto Teixeira Neri, Santa Isabel do Rio Negro

Carlos, Wai'khen, é da etnia Piratapuia, natural e residente em Santa Isabel do Rio Negro-AM. Tem 44 anos e desde 1994 vem atuando em várias funções na diretoria da Associação das Comunidades Indígenas do Médio Rio Negro (ACIMRN), onde agora é o Presidente. Carlos também é membro do Conselho Distrital de Saúde Indígena - CONDISI/DSEI, do Conselho Diretor da FOIRN e do Conselho Deliberativo e Fiscal (CONDEF) da COIAB - Coordenação das Organizações Indígenas da Amazônia. Como coordenador local do PMAC em Santa Isabel do Rio Negro, espera que o projeto possa – com as informações coletadas, através do monitoramento e dos conhecimentos tradicionais – subsidiar novas iniciativas de políticas públicas que venham beneficiar as comunidades indígenas. Acredita que "não há melhor dado pesquisado que aquele feito pelos próprios indígenas, com a participação dos comunitários e sábios tradicionais".

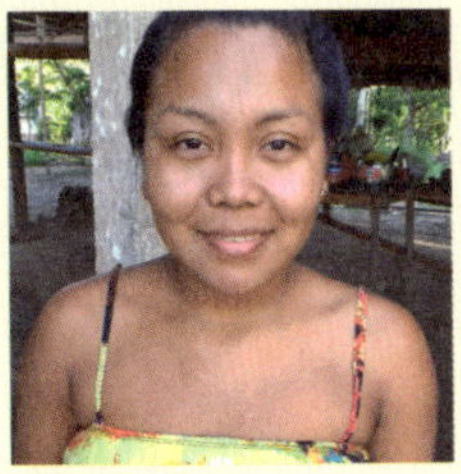

10. Darlene Bento De Menezes, Tabocal do Uneuixi

Darlene, *Yuisió*, é da etnia Tukano e tem 20 anos. Mora na comunidade Tabocal no rio Uneiuxi em Santa Isabel do Rio Negro. Gosta de trabalhar, mexer com tecnologia e ajudar nos trabalhos de casa. Espera que possa aprender muitas coisas participando como pesquisadora indígena do Projeto de Monitoramento Ambiental e Climático.

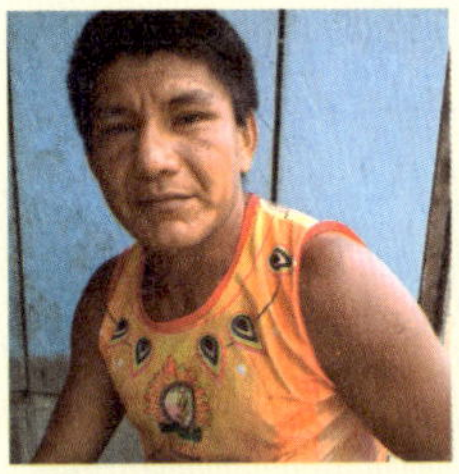

11. Jaciel Manoel Rodrigues, Cartucho

Jaciel tem 32 anos, é da etnia Baré. Jaciel mora na comunidade de Cartucho, em Santa Isabel do Rio Negro. É filiado à Associação Indígena Ribeirinha (ACIR). Ele gosta de trabalhar na roça e pescar. "A pesquisa é uma coisa boa porque no final vamos poder ver quais os peixes estão acabando ou diminuindo. Também para ver o clima e saber porque mudou".

Entorno de São Gabriel da Cachoeira

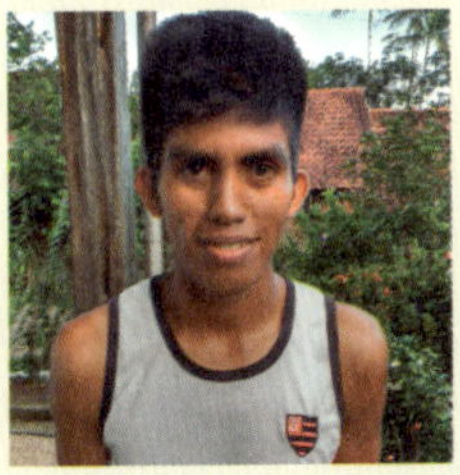

12. Lucas Rodrigues da Silva, Itapereira

Lucas, da etnia Baré e nascido em Manaus, tem 22 anos. Ainda pequeno foi viver com os pais na comunidade Itapereira, região de seu pai. Fez quase toda sua formação escolar na escola da própria comunidade, tendo terminado o ensino médio em 2014. Atua no movimento indígena há alguns anos. Pescador e agricultor, é também um dos articuladores do processo de elaboração do Plano de Gestão Ambiental e Territorial da Terra Indígena Médio Rio Negro II. Com as pesquisas e atividades ao longo do projeto PMAC, espera aproximar os parentes da memória dos antepassados, revitalizando conhecimentos para as futuras gerações. Outra expectativa é de ajudar as pessoas a terem mais cuidado com a natureza, com os peixes: "Quem sabe, fazendo esse monitoramento conseguimos obter mais abundância de pesca, caça, roça, como os velhos dizem que era antigamente".

13. Everaldo Bruno Garcia, Curicuriari

Everaldo, 35 anos, é da etnia Tukano e natural da comunidade Curicuriari. Seu nome de benzimento é Doétiro. Entende e fala um pouco de nheengatu, mas diz que sua primeira língua é o português. Completou o ensino médio em 2011, tendo feito toda a formação na escola da própria comunidade. Atua no movimento indígena desde 2002, quando foi eleito coordenador e, logo em seguida, presidente da Ahkoiwi - Associação das Comunidades do Rio Curicuriari. Foi membro do Conselho Diretor da FOIRN entre 2009 e 2011. Atualmente secretário da associação Ahkoiwi, é também articulador do processo de elaboração do Plano de Gestão da Terra Indígena Médio Rio Negro I, para a região de abrangência da associação. Além disso, pesca e trabalha na roça cotidianamente. Como expectativas em relação ao projeto, destaca "a possibilidade de conscientizar as pessoas sobre a degradação do meio ambiente e a questão do lixo, fazendo-as lembrar que a natureza também depende dos seres humanos e que é preciso cuidar e preservar, resgatando a própria cultura".

14. Francisco Alencar Alves, Mercês

Francisco tem 25 anos, é da etnia Baré e natural da comunidade Mercês. Entende um pouco o nheengatu e tem vontade de estudar mais a língua para se tornar fluente. Completou o ensino médio em 2009 na escola João Marchesi, em São Gabriel da Cachoeira. Depois de formado voltou a viver em Mercês, onde atualmente é pescador e trabalha roça. Sua expectativa nesse projeto é a de poder obter experiências e conhecimentos que servirão tanto para seu crescimento pessoal, quanto para ajudar outras pessoas. Como disse: "Nós não temos mais os conhecimentos dos mais velhos, a gente repara que antigamente tinha tudo isso, as crenças, as rezas. Se soubéssemos disso, estaríamos mais por dentro das mudanças no clima que estão acontecendo hoje".

15. Eliseu Mourão, Tapajós

Eliseu tem 38 anos, é da etnia Baré e natural da comunidade Tapajós. Possui ensino médio completo. Entende um pouco de nheengatu mas diz que não se arrisca a falar muito. No momento está estudando para conseguir um dia ser fluente na língua. Hoje é pescador e agricultor, além de pesquisador do projeto. Assim ressalta a oportunidade aberta pelas pesquisas do projeto, de aprofundar o conhecimento sobre as histórias da sua região: "Hoje em dia temos vários conhecimentos, mas não são aqueles originais que a gente tinha antes. Por isso esse trabalho é muito importante, para podermos aprender mais com os conhecedores".

16. Alcimar Sander Azevedo Rezende, São Gabriel da Cachoeira

Alcimar, Tuyuka, nasceu em 1987 na Comunidade Assunção, igarapé Onça no Alto Rio Tiquié, onde foi criado. Estudou e se formou no Ensino Fundamental (2005) e no Ensino Médio (2009) na Escola Indígena Municipal Ʉtãpinopona-Tuyuka. Em 2016 iniciou o Curso de Licenciatura Indígena em Políticas Educacionais e Desenvolvimento Sustentável da UFAM.

17. Mauro Monteiro Pedrosa, São Gabriel da Cachoeira

Mauro, Tukano, nasceu em 1987 na comunidade Cunuri, no rio Tiquié. Foi AIMA entre 2004 e 2006 em sua comunidade e atualmente atua e reside na cidade de São Gabriel da Cachoeira. Tendo concluído o ensino fundamental da Escola Estadual Indígena Dom Pedro Massa, em Pari-Cachoeira, e o ensino médio no colégio São Gabriel, em São Gabriel da Cachoeira, graduou-se no Instituto de Teologia, Pastoral e Ensino Superior do Amazonas, em Manaus, na área de filosofia. "Percebo que nos anos anteriores os conhecimentos tradicionais não foram valorizados pelo conhecimento ocidental e até as próprias novas gerações indígenas não estão valorizando sua cultura. O sonho do Monitoramento Ambiental e Climático é amenizar o caos e, ao mesmo tempo, resgatar e fazer reviver os conhecimentos indígenas que foram perdidos e desvalorizados nas suas comunidades".

18. Alex Cordeiro Fidelis, São Miguel II

Alex tem 22 anos, fluente em nheengatu e português, é da etnia Baré e natural da comunidade São Miguel II. Seu nome de benzimento é Wainãbi. Cursou todo o ensino fundamental na escola da própria comunidade e concluiu o ensino médio em 2015, no Colégio São Gabriel, na cidade. Formado, voltou a viver na comunidade onde atualmente é pescador e ajuda sua mãe na roça. Em relação ao projeto de monitoramento ambiental e climático, espera incentivar comunidades e famílias a como preservar na parte ambiental.

19. Evanildo Mendes Melgueiro, Ilha das Flores

Evanildo tem 32 anos, é da etnia Baré e natural de Ilha das Flores. Sua primeira língua é o nheengatu, sendo também fluente no português. Evanildo atua no movimento indígena há quase 10 anos. Entre 2008 e 2012 foi vice-coordenador da CAIARNX (Coordenadoria das Associações Indígenas do Alto Rio Negro); em 2013 foi eleito coordenador, permanecendo no cargo até 2016. Hoje é presidente da ACIPK (Associação das Comunidades Indígenas Putira Kapuamu). Além disso, também é pescador e agricultor. Uma de suas principais expectativas em relação ao projeto é poder conscientizar as famílias a terem mais preocupação em repassar os conhecimentos tradicionais para os filhos e outras gerações que vierem. Porque, segundo ele, "o conhecimento está aí, mas escondido, é preciso fortalecê-lo".

Baixo Uaupés

20. Silvaldo Navarro da Silva, São Pedro

Silvaldo é da etnia Tukano, do clã Aruperi-porã. Com 32 anos, é falante de tukano e fluente em português. Começou seu trabalho como AIMA em 2014, por indicação da comunidade, através do projeto Manejo Pesqueiro, executado pelas comunidades do baixo Uaupés com apoio da FOIRN, FUNAI e ISA. Gosta das coisas que aprende sendo AIMA, em especial das tecnologias. "Aprendi a mexer com tablet, gps, gravador de voz: com tecnologia". Também teve oportunidade de participar de eventos, oficinas e aprimorar seu talento com desenho. Hoje atua como pesquisador do projeto de monitoramento, além de ser catequista, líder do esporte em sua comunidade, pescador e agricultor. Sobre esse projeto ressalta: "para nós é um trabalho importante, espero que FUNAI e ISA não nos deixem de lado, que tragam mais projetos que beneficiem as comunidades que nos cobram para isso".

21. Osmar Almeida da Silva, Uriri

Osmar é da etnia Pira-tapuya e tem 22 anos. Nasceu em São Gabriel da Cachoeira porque sua mãe veio tê-lo na cidade, mas ainda recém-nascido retornou para sua comunidade, Uriri. Falante de tukano e fluente em português, entende um pouquinho de pira-tapuya. Quando acabou os estudos em 2014, começou a trabalhar como AIMA pelo projeto Manejo Pesqueiro, executado pelas comunidades do Baixo Uaupés com apoio da FOIRN, FUNAI e ISA. Nesse período participou de vários eventos, oficinas, pesquisas e mapeamentos sobre pesca, roça, lugares sagrados e área de manejo de sua comunidade. Ao lado das pescarias e trabalho na roça, hoje dedica seu tempo às pesquisas do projeto de monitoramento, atividade sobre a qual ressalta: "depois desse projeto quero que nosso trabalho continue animando nossa comunidade e também a escola".

22. Rosivaldo Lima Miranda, Açaí-paraná

Rosivaldo tem 27 anos, é Pira-tapuya nascido no Garimpo do Traíra, na Vila José Mormis no rio Castanho. Tendo como primeira língua o tukano, ele também é falante de português e entende a língua tuyuka. Começou as atividades como AIMA em 2014 no âmbito do projeto Manejo Pesqueiro, executado pelas comunidades do baixo Uaupés com apoio da FOIRN, FUNAI e ISA. No início como oportunidade de trabalho, depois percebeu que seu envolvimento como agente de manejo no projeto poderia ir além. Em suas palavras: "iniciei o trabalho porque estava sem condições de emprego na cidade, mas depois que entrei comecei a pensar mais em outras coisas, como em começar a defender nosso povo e levar para frente as políticas indígenas. Aí comecei a gostar do movimento AIMAs". Desde então Rosivaldo vem atuando no movimento indígena e no processo de elaboração do Plano de Gestão Territorial e Ambiental da Terra Indígena Alto Rio Negro, como articulador local para a área do baixo Uaupés. Ele também é pescador e ajuda sua mãe e sua esposa na roça. Como pesquisador no projeto de monitoramento, comenta esperar bons resultados e muito aprendizado para todos, para os AIMAs, para as comunidades e também para o ISA.

23. Leonardo Vital Castro, Ipanoré

Leonardo é da etnia Tariano, natural de Ipanoré, e tem 28 anos. É falante de tukano e português. Começou a atuar como AIMA em 2014 no projeto de Manejo Pesqueiro, iniciado pelas comunidades do baixo Uaupés com apoio da FOIRN, FUNAI e ISA. Nesse projeto realizou pesquisas e mapeamentos sobre pesca, roça, lugares sagrados e área de manejo de sua comunidade. Sua animação e interesse por ser AIMA começou quando o professor perguntou, na escola, quem queria aprender a mexer no GPS. Pelo projeto, teve a oportunidade de participar de vários eventos e oficinas, além de se envolver com o movimento indígena. Atualmente Leonardo divide seu tempo entre as pescarias, o trabalho na roça, e como pesquisador no projeto de monitoramento ambiental e climático, onde vê possibilidades de continuar e aprofundar os trabalhos iniciados em 2014.

Tiquié

24. Roberval Sambrano Pedrosa, Serra de Mucura

Roberval é morador da comunidade Serra de Mucura, tem 34 anos e é da etnia Tukano, clã Ñahuri. Sua primeira língua é o tukano, mas também é falante do português, wanano e nheengatu. Como liderança comunitária, é também conselheiro local de saúde e pesquisador AIMA desde o começo das atividades de pesquisas interculturais em 2005. Ajudou na formação da Escola Tukano, participando das quatro oficinas de astronomia (conhece todas as constelações), do evento CANOA - Cooperação Aliança Noroeste Amazônico em 2008 no Rio Piraparaná, e do encontro Manejo do Mundo em São Gabriel da Cachoeira, em 2010. Em 2016 realizou o sonho de ir a Brasília representando seu povo durante o encontro Floresta e Energia, junto com quilombolas, indígenas do Xingu e os povos Yanomami, Macuxi e Kashinawá. Atualmente está envolvido na elaboração de um Plano de Gestão Ambiental e Territorial (PGTA) para o Alto Rio Negro, também compondo a equipe que fez o censo no rio Tiquié. Seu principal interesse como AIMA "é valorizar minha cultura, começar a respeitar os conhecedores, perguntar deles o benzimento e fazer a experiência de benzimento para não esquecer, pois quando a gente cura alguém, começa a animar e a gente não quer mais parar. Todo encontro, toda oficina, a gente ganha algum conhecimento mais profundo, mais rico que antes; a gente aproveita para aprender com outras pessoas de outras etnias, e assim os benzimentos vão ficando mais fortes: porque a gente compara os benzimentos e eles vão ficando melhores".

25. Rafael Antônio Azevedo, Acará-Poço

Rafael tem 55 anos, é da etnia Tukano do clã Ñahuri Porã, natural de Acará-Poço do rio Tiquié. Sua primeira língua é o tukano e também é falante de português e entende tuyuka. Rafael é casado com Oscarina, e sua temática de pesquisa como AIMA é a roça. Em relação ao projeto, Rafael espera aprender também a dominar instrumentos como o tablet, "hoje em dia não é só mexer na caneta". Rafael conta que seu pai era órfão de pai e mãe, assim como sua finada mãe, "então não tinha nenhuma história que eles podiam contar". Assim, nas oficinas, o que ele mais gosta são as rodas que os velhos fazem à noite, mas ele também gosta de estar com os jovens e gosta de escrever. No movimento indígena ele já participou várias vezes de encontros de saúde e educação nas comunidades. Rafael também atua como conselheiro local de saúde.

26. Oscarina da Silva Caldas – Acará-poço

Oscarina tem 50 anos, é da etnia Desana, do clã Yugʉ wirã, e é a única mulher que atualmente participa das atividades de pesquisa no rio Tiquié. "Agora não tenho mais filho pequeno para cuidar, minhas filhas estão grandes. Gosto de participar das oficinas, porque os conhecedores falam das origens das constelações, de várias coisas". Ela e seu marido, o AIMA Rafael, monitoram há quatro anos a produção de suas roças como parte de suas pesquisas, e no ano passado Oscarina foi bolsista em etnobotânica pelo projeto *O valor das coleções bioculturais no Brasil: integrando diversas bases de dados*, quando entrevistou as outras mulheres da comunidade sobre suas roças. Além de agricultora, é ceramista. Sua primeira língua é o tukano, mas também é falante de português. Recentemente começou a atuar como AIMA.

27. Vilmar Rezende Azevedo, Pirarara-poço

Vilmar tem 33 anos, é da etnia Tukano, do clã Ñahuri Porã, natural da comunidade Pirarara-Poço. Fluente em português e tukano, morou um tempo na cidade de São Gabriel da Cachoeira para terminar os ensinos fundamental e médio. Em 2005 retornou a sua comunidade para participar da Associação da Escola Indígena Tukano Yupuri (AEITY) e da Associação das Comunidades Indígenas do Médio Tiquié (ACIMET). Desta última, foi administrador a partir de 2009, e é presidente desde 2012. Atua como coordenador geral dos AIMAs nos rios Tiquié e Uaupés e como comunicador e facilitador do ISA no projeto PMAC. Seus principais interesses no projeto relacionam-se ao que tem aprendido: desde fazer relatórios financeiros e prestações de conta até sobre sua própria cultura. "A nossa parte a gente já está fazendo, buscando mais conhecimento tradicional da região, *bahsese*, canto do *baya*, e na minha comunidade a gente já tem uma maloca para fazer as práticas, até conseguirmos chegar a bons curandeiros, pajelança". Nos tempos vagos, Vilmar constroi bancos tukano.

28. José Caldas Pedrosa, Cunuri

José Pedrosa tem 58 anos, é da etnia Tukano, clã Ñahuri porã, e natural de Cunuri Ponta, no médio Tiquié. Sua primeira língua é o tukano, mas também é falante do português. José é AIMA desde 2013. Antes de ser AIMA ele foi professor durante oito anos e agente de saúde durante 9 anos. Junto com sua esposa ele é anotador de nível do Rio da CPRM - Companhia de Pesquisa de Recursos Minerais (Serviço Geológico do Brasil).

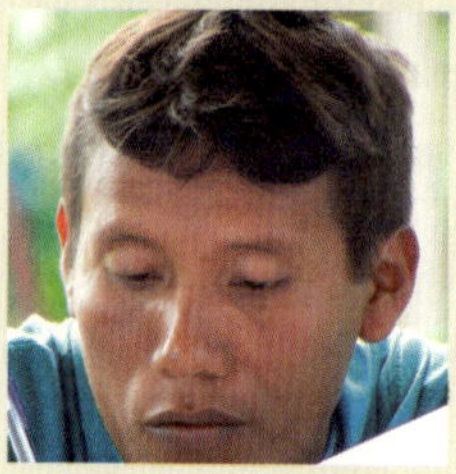

29. Mateus Gomes Macedo, Santa Rosa, Igarapé Castanho

Mateus tem 29 anos, é da etnia Desana, do clã Yugʉ wirã, natural de Santa Rosa no Igarapé Castanho, afluente do rio Tiquié. Iniciou seu trabalho de AIMA em 2005 com 17 anos. Mateus é fluente em tukano e português, mas também entende tuyuka, yuhup, um pouco de desana e espanhol. Um dos seus interesses nas oficinas que acontecem regularmente é conhecer e praticar mais o uso do tablet. Ele também valoriza muito o conhecimento indígena, e diz que "para mim é muito importante conhecer benzimentos de todos os tipos, para futuramente eu ser benzedor profissional".

30. Damião Amaral Barbosa, São Felipe, alto igarapé Castanho

Damião tem 40 anos, é Yeba-mahsã do clã Serã mahsã e mora na comunidade São Felipe, perto da fronteira com a Colômbia. Além do português, é fluente em yeba-mahsã, tuyuka, tukano e entende bará e espanhol. Seus principais interesses como AIMA, no que atua desde 2014, são repassar o que aprende nas oficinas nas comunidades e contribuir para as boas práticas de manejo ambiental na sua região. "Meus interesses como AIMA são colaborar com o conhecimento nosso, e futuramente se sair um livro, também trazer na comunidade e na escola, como uma lembrança e animação para as futuras gerações". Damião já colaborou com o setor de projetos da FOIRN (2008-2009), e participou de um seminário de educação para defender a escola Yeba-mahsã em Taracuá, em 2010.

31. Rogelino da Cruz Alves Azevedo, São José II

Rogelino tem 42 anos, é da etnia Tukano, clã Ñahuri Porã. Fluente em português e tukano, entende também as línguas hup'dä, tuyuka e espanhol. Iniciou seu trabalho como AIMA em 2005, escolhido pela comunidade. "Eu gostei de escrever no diário, passar nas oficinas, fazer seminários, qualquer seminário que acontece na cidade, dos intercâmbios com os colombianos, as Canoitas. Isso é importante para todos e eu gostei das oficinas, dos treinamentos, esse é o nosso trabalho". Em 2015 Rogelino parou seu trabalho como AIMA, pois morou um tempo no rio Içana acompanhando seu irmão, que é padre: mesmo ali continuou fazendo os diários que são base das pesquisas interculturais. Ele gosta dos trabalhos comunitários, de fazer conscientização e organização da coleta de lixo. Além do trabalho de AIMA, Rogelino se envolve no dia-a-dia de casa: "vou pescar e faço observações durante as migrações, piracemas, chuva. Artesanato eu não faço muita coisa, faço mais é remo, um pouco de abano; ultimamente fiz duas roças. Quando eu estava com minha esposa eu tive muitas roças, minha mulher também era trabalhadora; agora faço mais observações no meu diário, vou pescar e de vez em quando ajudo minha mãe a capinar na roça".

32. Ismael Pimentel dos Santos, Santo Antônio

Ismael é da etnia Desana, tem 41 anos e é do clã Keẽhori. É fluente nas línguas desana, tukano, hup'dä e português, e entende tuyuka. Além de AIMA, é coordenador adjunto das atividades do PMAC, conselheiro regional de saúde e trabalha como anotador de nível do rio e de chuva na Estação Metereológica de Pari Cachoeira. Também está envolvido nas atividades do Plano de Gestão Ambiental e Territorial (PGTA) para o Alto Rio Negro. Com esse projeto espera melhoria do movimento indígena e da região do Alto Rio Negro. Seus principais interesses são "aprender com os conhecedores para repassar para as futuras gerações, porque nossos conhecimentos estão acabando no momento, por isso tive essa ideia de ser AIMA".

33. Germano José Borges Campos, São Sebastião

Germano tem 43 anos, é da etnia Desana, clã Bugu boreka porã, natural de São Sebastião no Igarapé Umari, afluente do rio Tiquié. Sua primeira língua é o tukano, mas também é falante de português, tuyuka e yeba mahsã, além de entender desana. Germano é AIMA desde 2012. Conhece muitos lugares da Amazônia pois foi guia para turistas em Rio Preto da Eva (AM) durante muitos anos. Está se envolvendo na elaboração de um Plano de Gestão Ambiental e Territorial (PGTA) para o Alto Rio Negro, tendo também participado da equipe do censo no Tiquié em 2016. Sua expectativa é de que tanto o projeto do Plano de Gestão como o trabalho dos AIMAs continuem, porque trabalhar juntando os conhecedores tradicionais e outros AIMAs é muito interessante. "Quando comecei a participar das oficinas e a me interessar, nessa época já tinha os benzedores, aí que interessei mesmo, para aprender junto com eles, porque depois que eles morrerem fica difícil".

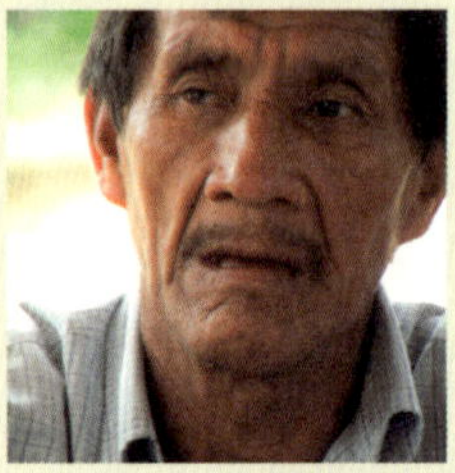

34. José Penha Pimentel, Bela Vista

José tem 59 anos, é do clã Buu porã da etnia Tukano, natural de Bela Vista no médio Tiquié. Sua primeira língua é o tukano, mas também é falante do português, espanhol e desana, e entende tuyuka e hup'dä. José é AIMA desde 2008 e considerado um *kumu*. Seu conhecimento de *bahsese* ("benzimentos") e mitos enriquece os encontros periódicos dos AIMA, complementando as pesquisas executadas. Em 2015 ele apresentou essa perspectiva de pesquisa no II Seminário Visões do Rio Negro em Manaus. Antes disso, em 2012, foi para o Museu da Amazônia - MUSA em Manaus, ajudar na preparação de uma exposição sobre a pesca indígena do rio Negro. Ao lado de cinco outros artesões ele construiu armadilhas de pesca tradicionais. Sua expectativa é de poder dar continuidade a sua pesquisa sobre calendário astronômico e ecológico no contexto do Plano de Gestão, calendário que é parte central dos saberes dos povos do rio Negro.

35. Lucas Alves Bastos, São Paulo

Lucas tem 39 anos, é da etnia Tukano, clã Ñahuri duka, natural de São Paulo no alto Tiquié. Sua primeira língua é o tukano, mas também é falante de português e entende tuyuka e espanhol. Lucas é AIMA desde o começo das atividades de pesquisas interculturais em 2005. Foi técnico (desde 1999) em piscicultura e manejo agroflorestal no contexto de um projeto de piscicultura indígena com peixes endêmicos. Em 2003 fez um estágio no CEPTA-IBAMA (Centro de Pesquisa e Treinamento em aqüicultura) em Pirassununga, São Paulo. Em 2007 participou de um Curso Internacional de Aqüicultura com Espécies Nativas Amazônicas na Vila de Balbina. Hoje está envolvido com a elaboração de um Plano de Gestão Ambiental e Territorial (PGTA) para o Alto Rio Negro, tendo participado da equipe que aplicou um censo no Tiquié em 2016. Sua perspectiva em relação ao projeto é a de colocar em prática o conhecimento que está recebendo. "Para mim o que mais interessa são os conhecimentos dos antigos; depois, é passar esse conhecimento para os que estão vindo pela frente, os novatos, os meus filhos; praticando também, como os velhos estão praticando hoje".

36. José Maria Barbosa Ramos, São Pedro

José Maria tem 33 anos, é da etnia Tuyuka, natural de São Pedro do alto rio Tiquié. Sua primeira língua é o tuyuka, mas também é falante de português, tukano e yeba-mahsã. José Maria é AIMA desde 2009.

37. César Meira Barbosa, São Pedro, Alto Tiquié

César tem 21 anos, é da etnia Tuyuka, do clã Wese Dokapuara, falante de tuyuka, tukano, espanhol, português, e entende a língua bará. É o AIMA mais jovem da turma do Tiquié e sua atuação principal no projeto é como desenhista. Suas experiências em desenho começaram na Escola Indígena Tuyuka Ʉtapinopona, onde concluiu o Ensino Médio em 2015. Além de desenhar, César realiza trabalhos comunitários, ajuda a sua mãe, pesca e faz artesanatos. "Eu gosto do trabalho de AIMA, de ir nas reuniões e oficinas, de escutar os velhos e desenhar".

38. Edilson Villegas Ramos, São Pedro, Alto Tiquié

Edilson tem 27 anos e é da etnia Tuyuka, do clã Miño Dokapuarayʉ. Falante de tuyuka, tukano, bará, português, entende yeba-mahsã e espanhol. Em sua atuação no projeto como bolsista de etnobotânica, realizou uma pesquisa com base em fotos de plantas, seus usos, e os processos de transformação das plantas em alimentos, casas, utensílios, com mais de mil fotos. Tem interesse no trabalho dos AIMAs e nas oficinas de manejo: "Porque eu gosto de participar das oficinas, gosto do trabalho dos diários e do conhecimento dos velhos". Recentemente começou a atuar como AIMA.

Rio Içana e Rio Aiari

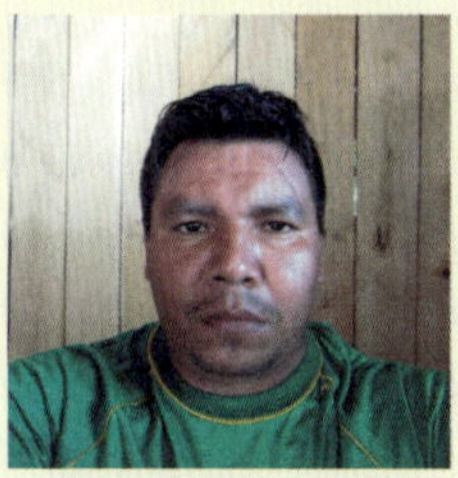

39. Ronaldo da Silva Apolinário, Tunuí Cachoeira

Ronaldo tem 32 anos de idade. É da etnia Baniwa, clã Parattana, e mora em Tunuí Cachoeira no Médio Rio Içana. É estudante do curso Saberes Indígenas promovido pala Universidade Federal do Amazonas – UFAM. Já participou de vários encontros e iniciativas de geração de renda e sustentabilidade na região do Içana. Foi gerente de comercialização do projeto Arte Baniwa e gerente de produção do Pimenta Baniwa. É o atual presidente da Associação Baniwa do Rio Içana e Cuiari – ABRIC e faz parte de Comissão Fiscal da FOIRN. Também é coordenador indígena do Projeto de Monitoramento Ambiental e Climático para a região do Içana e Aiari. Ronaldo acredita que a pesquisa é importante porque "nós devemos registrar e promover o bem viver dos povos indígenas a partir dos conhecimentos tradicionais".

40. Plinio Guilherme Marcos, Tunuí Cachoeira

Plinio, 32 anos, é Baniwa do clã Kadaopoliro e morador da comunidade de Tunuí Cachoeira. Atual tesoureiro da Coordenadoria das Associações Baniwa e Corripaco – CABC, é também coordenador regional para o Içana do Plano de Gestão Territorial e Ambiental (PGTA) do Rio Negro. É estudante de licenciatura na UFAM.

41. Genilton da Silva Apolinário, Tunuí Cachoeira

Genilton é Baniwa do clã Parattana; tem 30 anos. É morador de Tunuí Cachoeira e formado na licenciatura intercultural/UFAM, cuja logística continua apoiando. Como criador de abelhas, acompanha os tipos de flores mais visitados pelas abelhas na região, e observa: "os brancos dizem que nós indígenas não temos conhecimentos, mas nossos antepassados eram conhecedores, apenas faltava para eles registros no papel. Com essa pesquisa do monitoramento climático vamos registrar seus conhecimentos, para que possam ser mais respeitados".

42. Robson Lourenço da Silva, São José

Robson, 19 anos, é Baniwa, clã Waliperi Dakeenai. Mora na comunidade de São José no Médio Rio Içana. Durante o ensino fundamental, fez pesquisas sobre espécies de maniuara e saúvas. Atualmente, estuda na Escola Indígena Baniwa e Koripaco (EIBC) Pamáali, onde vem participando de pesquisas diversas sobre plantas medicinais, frutíferas e comestíveis do médio Içana, além de oficinas de informática e de conferências sobre educação e organização social. Considera que a pesquisa de monitoramento ambiental e climático irá ajudá-lo a dar continuidade às pesquisas que já vem desenvolvendo na escola.

43. Daniel Lopes da Silva, Tarumã

Daniel tem 26 anos. É da etnia Baniwa, do clã Hohodeeni, morador de Tarumã. Entre 2007 e 2009 participou da pesquisa Paisagens Baniwa do Içana pelo ISA. É estudante de ensino médio na Escola Indígena Baniwa e Coripaco (EIBC) Pamáali. Domina as artes de fazer ralo, remo, tipiti e arco e flecha. Acredita que o projeto PMAC ajuda "para que possamos viver bem, fazendo diagnósticos do ambiente, acompanhando e dialogando com mais comunidades".

44. Juvêncio Cardoso da Silva, Santa Isabel do rio Aiari

Juvêncio, 32 anos, é da etnia Baniwa, clã Awadzooro, e vive em Santa Isabel do Rio Aiari, afluente do Rio Içana. Fez licenciatura de Física Intercultural no Instituto Federal do Amazonas – IFAM. Lidera a Coordenadoria das Associações Baniwa e Koripako – CABC, e orienta várias pesquisas desenvolvidas nas escolas indígenas do Rio Içana. É atual coordenador adjunto do Projeto de Monitoramento Ambiental e Climático. Segundo Juvêncio, "registrar diariamente os conhecimentos que estão na cabeça dos nossos pais é importante, pois esses conhecimentos são argumento para o nosso trabalho de liderança e base para sustento nas nossas comunidades".

45. Selma da Silva Lopes, Canadá do rio Aiari

Selma tem 23 anos e é Baniwa do clã Walipere-dakenai. Reside em Canadá do rio Aiari. Formada no ensino médio na Escola Indígena Eno Hiepole, também é co-gerente de produção na Casa de Pimenta Takairo (em construção). Selma vem observando e anotando especialmente as atividades cotidianas que faz na roça.

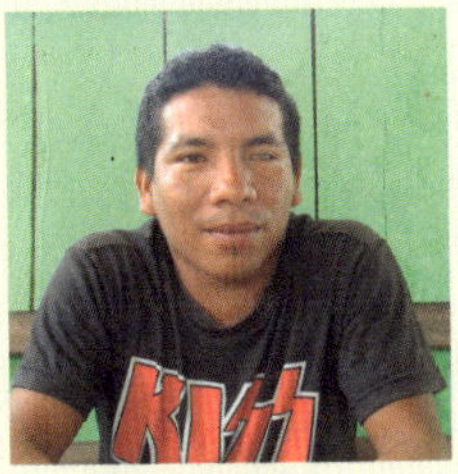

46. Valter Lopes da Silva, Canadá do rio Aiari

Valter, da etnia Baniwa e clã Walipere-dakenai, é de Canadá do rio Aiari. Com 23 anos, é pesquisador do Plano de Gestão Territorial e Ambiental (PGTA) do Rio Negro para a região do rio Içana e afluentes, e co-gerente de produção da Casa de Pimenta Takairo (em construção). Segundo ele, "precisamos saber organizar e acompanhar o ciclo da biodiversidade em cada uma de nossas comunidades, pois é assim que vamos cuidar do nosso território".

47. Ariel Fernandes da Silva, Canadá

Ariel, 32 anos, Baniwa, clã Hohodeeni, mora no sítio Canaã, próximo a comunidade de Canadá, no rio Aiari. Formou-se no ensino fundamental na escola da comunidade de Canadá. Está começando o trabalho com pesquisas interculturais. Desde que se tornou bolsista, Ariel gosta de fazer entrevistas com os velhos conhecedores e de estudar o clima e recursos hídricos.

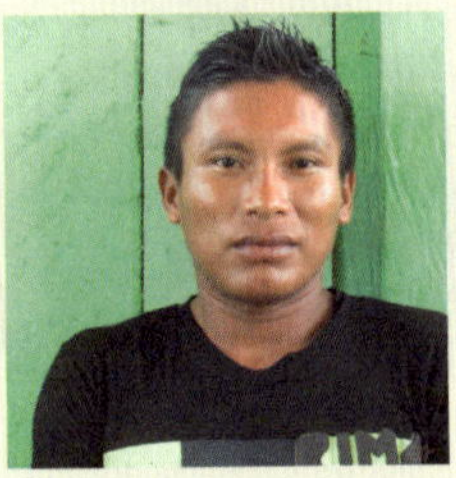

48. Orlando Andrade Fontes, Ucuqui Cachoeira

Orlando é da etnia Baniwa, clã Hoohodeni. Tem 28 anos e mora na comunidade de Ucuqui Cachoeira no rio Aiari. Formou-se no ensino fundamental na Escola Indígena Baniwa e Corripaco (EIBC) Pamáali, concluindo o ensino médio na escola de Assunção do Içana. Coordenou a pesquisa para a publicação "O que a GENTE precisa para VIVER e estar BEM no MUNDO" (vol. 2, 2012), da escola Herieni. É coordenador adjunto do projeto de Monitoramento Ambiental e Climático, no grupo da região dos rios Içana e Aiari. Orlando fala que "precisamos reeducar os que acreditam que o nosso povo não cuida do ambiente desde milhares de anos".

49. Graciela Paiva Brazão, Ucuqui Cachoeira

Graciela tem 28 anos, é da etnia Baniwa, clã Waliperi-dakenai. Nasceu na comunidade de Santa Rosa no rio Içana e, atualmente, mora em Ucuqui Cachoeira no Rio Aiari. Desde 2014 é co-gerente de produção da Casa de Pimenta Manowadzaro. Com o monitoramento ambiental e climático, a pesquisadora espera "conseguir registrar e passar adiante o conhecimento dos nossos e nossas ancestrais que são importantes para viver bem no mundo".

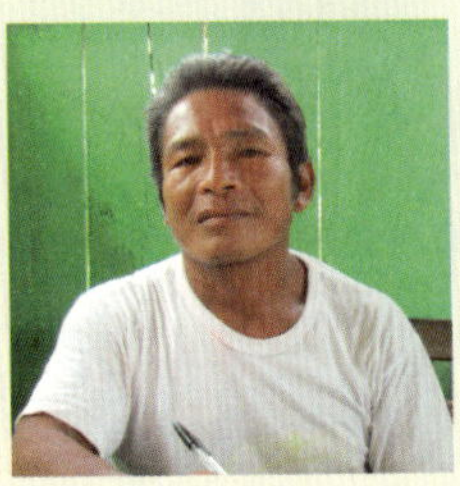

50. Plinio Pedro da Silva, Tucumã Rupitá

Plinio tem 39 anos. Morador da comunidade de Tucumã Rupitá, é da etnia Baniwa, clã Waliperi-dakenai. Já em 1993 participou do curso de Agente Indígena de Saúde (AIS). Entre 2007 e 2009 foi pesquisador de Paisagens Baniwa, observando diversas unidades de paisagem como *Hamaliene*, *Edzawa*, *Heñami*. Domina as artes de fazer tipiti, peneira, urutu, aturá, arco e flecha e balaio. "Nós indígenas não somos como os não-indígenas, destruindo cada vez mais as nossas plantas. Nós dependemos destes recursos e essa é a importância do monitoramento ambiental e climático na nossa região".

localização dos pesquisadores indígenas nas comunidades e cidades da bacia do rio Negro
outubro de 2017

Fontes: Terras Indígenas, Unidade de Conservação Estaduais, Unidades de Conservação Federais (Instituto Socioambinetal, 2017) Comunidades (ISA/Foirn, 2017), Hidrografia (Sivam/IBGE, 2004)

Legenda
sedes de cidades
Comunidades da região
Barcelos
Entorno de São Gabriel
Içana-Aiari
Santa Isabel
Tiquié
Baixo Uaupés
Terras Indígenas
Unidades de Conservação
FLONA do Amazonas
PARNA Serra da Mocidade
TI Yanomami
PARNA do Pico da Neblina
Rio Padauari
Rio Preto
Rio Aracá
Rio Demini
Rio Negro
6 Campina do Rio Preto
11 Cartucho
9 Santa Isabel do Rio Negro
Canafé
7
8 Acaricuara
10 Tabocal do Uneuixi
5 Cumaru
4 Bacabau
3 Barcelos
2 Cauburis
1 São Roque
12
TI Jurubaxi-Téa
Rio Uneuixi
Rio Jurubaxi
TI Maraã/Urubaxi
TI Paraná do Paricá
TI Cuiú-Cuiú

BOTEA
WEREAWŨ
AHKORÁ
MUHTE
YAIBA
KAREÉ
DIAWÉ
YEHÉ
KAHSAWU
NARAÑA
MIHĨ
KOMEÃ
SIA BATI
SIMIÕ
MÕMORO
MERE
DIHKE
PAIRA
NEE

essa noite de chuva teve muitas festas de rãs

.. Esse texto flui ao longo de um ano do calendário tukano, através do diário de anotações de Rogelino, entre novembro de 2015 a outubro de 2016 ....

Rogelino da Cruz Alves Azevedo texto
Juliana Lins edição

□Rogelino da Cruz Alves Azevedo, Tukano do sib Ñahuripõra, é morador da comunidade de São José II, médio rio Tiquié. Ele foi indicado para ser Agente Indígena de Manejo Ambiental por sua comunidade na primeira oficina na qual foram discutidas as bases do manejo ambiental naquela região, em 2005. Ele é AIMA desde o começo dessa iniciativa. Nesse tempo, muita coisa aconteceu na vida de Rogelino, de sua comunidade e da região, os anos se sucederam, com suas repetições e variações, no permanente fluxo das constelações, do rio, do trabalho, das festas, do manejo...

Abaixo segue uma edição de partes do diário de Rogelino, destacando observações marcantes do ciclo anual que tem início entre final de outubro e começo de novembro, marcado pela "queda" da constelação da Jararaca (*Aña*). Foi um ano um tanto atípico para ele, passado entre Assunção do Içana, onde viveu um tempo com seu irmão Sergio, pároco aí, a cidade de São Gabriel da Cachoeira e sua comunidade no rio Tiquié. Apesar dessa multilocalidade, Rogelino, filho de grande conhecedor do calendário astronômico, José, reporta em seu diário as principais estações do ano (ver próximo texto), além de acontecimentos importantes que se passaram aí, como a epidemia de malária, sentida na própria pele.

Ao lado vemos o desenho desse ciclo anual feito por três desenhistas que acompanham as atividades dos AIMAs, e ao final desse texto um quadro com os nomes das constelações e as estações que acontecem em sua passagem, ao longo do ano.

Ao lado Calendário circular 2015-16 do rio Tiquié.

13/10/2015. A previsão do tempo amanheceu muito nublado com chuvisco. Na comunidade Assunção do Içana o dia inteiro foi nublado, e teve revoada de cupins e de *kaka diara*[1]. Acho que é a primeira chuva de constelação de *Aña dʉhpoa*, tipo calango[2].

1 É uma espécie de formiga.

2 Espécie de lagarto venenoso.

05/11/2015. Amanheceu chovendo. Durante a chuva dava muitas trovejadas. Essa chuva é da constelação *Sipé Pahiro*, primeira constelação antes de Jararaca. De manhã cedinho teve muitas revoadas de cupim e *kaka diarã*.

11/11/2015. Em Assunção do Içana amanheceu com sol e o nível do rio Içana subiu um pouco. No mato tinham muitas florações nessa época, como a floração de japurás-do-mato e pupunhas.

30/11/2015. Amanheceu em Assunção com sol, dia inteiro sem chuva, fazendo **Verão de Cobra Cabeça de Jararaca *(Aña dʉhpoa kʉmataro)***. E o nível do rio Içana começou a descer grande, 40 cm.

10/12/2015. Mais outro dia de sol, dois dias inteiros sem chuva. Nesta quinta-feira, as pessoas de Assunção que fizeram roças, queimavam muitas matas primárias e secundárias. Acho que toda a região do Alto Rio Negro se queimava.

11/12/2017. Amanheceu mais outro dia de sol, fazendo 6° dia de verão de término da **Constelação *Aña* (Jararaca)**.

Em Assunção do Içana, em primeiro lugar vou começar a anotar com este dia, quarta-feira, seis de janeiro do corrente ano de 2016. Anotando principalmente sobre o que está acontecendo de fenômeno da natureza. Como eu estive AIMA lá no médio Tiquié, eu fui escolhido para ser anotador do tema do calendário ecológico, astronômico e ritual: esse é meu trabalho.

Neste mês de janeiro estarei morando mais o mês inteiro em Assunção do Içana na casa do meu colega Oseias, juntamente com sua família e todos os povos Baniwa da comunidade Assunção.

6 de janeiro. Nessa madrugada de quinta-feira às 4:30h começou a chover grosso, a chuva da constelação ***Pamõ Oãdʉhka* (Costela de Tatu)**, porque no meio da chuva ao amanhecer do dia teve muita revoada de cupins.

09/01/2016. Em Assunção do Içana começou neste sábado o ***Mere Kʉma* (Verão de Ingá)**, fazendo três dias de sol direto, sem chover. O nível do rio, dentro de três dias, desceu grande neste rio Içana. O tempo neste sábado foi bem com sol o dia inteiro. Nesse mês as folhas das ingazeiras já estavam todas secas e ficando podres. Os velhos sábios contavam para mim que esse **Verão de Ingá** é muito bom para a gente queimar roças do tipo capoeiras, matas primárias e secundárias.

12/01/2016. Meu colega da casa Sr. Oseias saiu de casa bonito, sem nenhuma doença, para tirar madeiras no local onde a gente sempre tirava. Quando chegou lá aconteceu por ele dor-de-estômago e então ele voltou para casa muito doente e gritando, nem aguentava mais. A sua irmã, que é técnica de saúde, ofereceu remédios para dor. Os velhos benzeram, o sogro e o pai dele, até que de noite ficou melhorzinho, mas não muito. Porque nesse mês de janeiro houve vários tipos de doenças em Assunção.

13 a 17 de janeiro. Esses três dias em Assunção do Içana foram diretamente com sol, sem chover nada. Por isso este rio Içana estava começando a secar mesmo. E no sábado, dezesseis de janeiro, a partir das 5 horas da manhã veio chuva, parou de chover às 11:30h da manhã, mas o nível do rio não subiu tão grande, só um pouquinho, e parou de subir na mesma noite. No outro dia, no domingo, dezessete de janeiro, continuou de novo o verão, **Verão de Ingá**, e daí o nível do rio Içana estava descendo mesmo. O verão estava direto neste mês de janeiro. E alguns moradores da comunidade aproveitaram para tinguijar no igarapé Mirim e nos poços onde os peixes se juntam. Este verão não estava acontecendo somente em Assunção do Içana, e sim em todas as partes da região do Alto Rio Negro. Quem aproveitou de fazer roças, agora é tempo de queimar e plantar vários tipos de sementes nas roças. Quem não fez e não aproveitou a culpa é deles(as), o cara que aproveitou está salvo. Esse verão já deu muito bem para as pessoas aproveitarem.

Obs: Estive em Assunção do Içana até dia 30 de janeiro. Nesse dia eu, Rogelino, o Oseias e sua família descemos para a cidade. Tivemos que descer bem devagar, porque o rio Içana estava muito seco.

2 de fevereiro. Na terça-feira amanheceu mais outro dia de sol, continuação do **Verão de Ingá**. Bem cedo, às 6:30h da manhã, chegou em casa o meu tio Damásio para pedir ajuda de puxar a canoa nova que ele comprou para a gente subir para Taracuá, porque ele é monitor dos alunos da Licenciatura Indígena. Iríamos sair no dia 3 de fevereiro, só que não deu certo, porque a chuva nos atrapalhou. Por isso, saímos na quarta-feira. A chuva que deu na madrugada era **Chuva da Constelação *Muha* (Jacundá)**, que só parou de chover ao meio dia. Assim que parou, Damásio e eu fomos no Porto Queiroz para

reparармos nossa canoa. Quando estávamos chegando no porto, tinham nossos parentes tomando cerveja no Flutuante do Sr. Sabuguinho.

4 de fevereiro. Saímos do Porto Queiroz numa quinta-feira às 8:40h da manhã, destino Taracuá. Fomos de rabeta, subindo devagar. Chegamos no sábado. Por esses dias dava somente muitos dias de verão, diretamente com sol, sem fazer nenhuma chuva.

15/02/2016. Amanheceu mais outro dia de sol em Taracuá. Eu estava pensando se eu ia subir para minha comunidade, ou retornar para Assunção do Içana. Quando havia chegado na cidade os meus colegas AIMAs falaram comigo sobre o encontro que será realizado em Bela Vista do Tiquié. Depois de muitas conversas, eu decidi retornar para minha comunidade São José II para aproveitar esse encontro.

Taracuá, 18/02/2016. Nesta quinta-feira em Taracuá o tempo amanheceu muito nublado e o nível do rio Uaupés subiu um pouquinho. E à tarde, às 14:30h veio chuva com trovoada, parou de chover às 16h e continuou nublado. Em toda essa comunidade tinham muitos açaís-do-pará plantados. Cada dia estavam se alimentando de vinho de açaí. Também tinha muita fruta madura, como de pupunheiras plantadas ao redor das casas, por isso a cada dia estavam tomando vinho de pupunha. Tem gente que faz dabucuri aos seus próprios parentes que moram por perto através dos ritmos das danças de cariçu com mauacu. Outros fazem com ritmo de jurupari. Assim os moradores das comunidades animam suas aldeias. Também observei em Taracuá plantações de uirapixuna com suas frutas começando a amadurecer, ficando pretas, e também frutas de sorvinha espocando nos dias de sol.

22/02/2016, amanheceu um pouco nublado e para nós era previsto de ir embora de Taracuá. Saímos às 9:30h da manhã do porto. Ao amanhecer do outro dia, numa terça-feira, 23/02/2016, às 4h, bem de madrugada, começou a chuviscar um pouco e às 6:45h da manhã foi engrossando, com trovão forte. Parou de chover às 15:30h da tarde. **Chuva da Constelação Jacundá**.

Nesses últimos dias do mês de fevereiro estava chovendo mais aqui na cidade de São Gabriel da Cachoeira, chovendo a **Enchente *Dahsiu* Camarão**. Por isso o nível do rio estava subindo muito mesmo. Se fosse na região do Tiquié estaria fazendo muitas piracemas de peixes e rãzadas. Como eu estive na cidade, não vi peixes nem rãs fazendo piracemas.

02/03/2016. Amanheceu com sol o dia inteiro, fazendo verãozinho da **Constelação de Camarão**.

09/03/2016. O professor Romero e o Chaulim com seus familiares estavam saindo da cidade destino à comunidade deles e eu, Rogelino, peguei carona para minha comunidade São José II. No meio da viagem começou a me atacar a malária. Em cinco dias chegamos na comunidade Cunuri. Lá a malária estava me atacando mais, dando tonteira e me deixando doido de tanto sentir febre, nem aguentava mais. Quando eu estava melhorando um pouco passou a equipe de saúde e de resgate, eles me tiraram uma lâmina e me deram remédio Paracetamol. Eu vim pegando carona com essa equipe destino minha residência São José II.

Ao amanhecer do dia 16 de março, o tempo foi bom com sol o dia inteiro, o nível do rio desceu um pouco. Na madrugada, após a chuva, fui fachear peixes em ambiente da minha comunidade, matei muitos aracus e mais outros peixes, quase cinco quilos. Voltei para casa às 6:30h com esses peixes porque o boto me ajudou muito espantando os peixes. Às 8h na casa do meu pai comemos peixes cozidos de aracu e mujeca do mesmo peixe.

17 de março, o tempo amanheceu muito nublado e chuvoso, começou a chover às 7:45h, bem grosso, com fortes trovoadas e temporal. Parou de chover às 14:40h; essa chuva é a chuva da primeira **Constelação da Onça** que se chama ***Yai Siõkha***, segundo meu pai tinha contado, Sr. José Vilas Boas Azevedo. Muitas festas de rãs no ambiente da comunidade.

No dia 18 de março o tempo amanheceu com sol pela manhã e teve revoada de saúvas. E o nível do rio subiu grande. Tarde, 16h, teve chuva grossa, parou de chover às 18h e no final de tarde teve piracema de piraíba e alguns aracus na beira do Tiquié. Essa noite e essa madrugada teve festas de rãs.

Neste domingo à tarde, às 17h veio chuva muito grande com temporal forte, deu trovejada, choveu bastante grosso, parou de chover às 22h. Continuidade da chuva da **Constelação de Onça**, em Tukano: ***Yai Ʉhseka Poari Poero***, só que não encheu muito grande, porque a chuva também não choveu no horário certo. Nas noites de chuva, ao amanhecer do dia, as rãs fizeram suas piracemas. Estava começando o inverno, tempo de enchente. E as piracemas estavam se finalizando com essa **Constelação de Onça *Yai***.

25/03/2016. O tempo em São José II amanheceu dia parcialmente com sol pela parte da manhã. E à tarde deu chuva rápido e passou. Às 8:45h, em ambiente do igarapé Macucu, eu, Rogelino, meu pai e mamãe fomos coletar japurá. Voltamos para casa às 14h. Na volta deu pouca chuva. E o nível do Tiquié desceu grande ~ 30 cm.

29 de março, a previsão em toda parte da região foi nublado e dia de muita chuva e chuvisco. Dia de piracema de peixes aracus e piabas. Nível do médio Tiquié subiu grande. Chegada dos AIMAs e conhecedores em Bela Vista para oficina.

02 de abril. Amanhecemos em Bela Vista, com dia de sol normal o dia todo. O nível do rio continuou subindo pouco. À tardinha, a partir das 18:45h, disseram que houve muita piracema de piabas na boca do rio Umari. Em algumas partes deste rio Tiquié, nos estirões, faziam piracemas os aracus riscados, disseram os moradores desta comunidade.

Nesta terça-feira, dia 05 de abril, 6° dia da oficina. Dia muito nublado e com chuva grossa. Os *kumuã* conhecedores Avelino, José Pimentel, Max e Sr. Uribe fizeram proteção e purificação de cigarro para todos (as) e também pimenta, para não ser mordido por cobra jararaca.

11/04/16. Amanheceu nublado pela manhã e à tarde deu pouco sol, o nível do Tiquié desceu grande ~ 1m. 7:40h comemos quinhampira, japurá e mingau. Fui passear no rio Castanho, na comunidade Santa Rosa.

13/04/16. Amanheceu dia muito chuvoso. Esse rio Castanha já começou a encher grande. Porque esse rio é assim, quando chove um pouco grosso já começa a encher. Nesta quarta-feira os moradores desta comunidade foram pegar frutas do mato e peixes para fazer dabucuri ao professor deles. E ao anoitecer nesta quarta-feira as rãs fizeram uma grande piracema, nesta noite e na madrugada.

14 de abril, era dia de dabucuri dos povos Desanos para os professores. As dabucurizadas foram de uirapixuna, açaí, peixes moqueados, farinha e goma de tapioca. Foi o dia inteiro esse dabucuri, e o instrumento das danças foi o cariçu, ao final da tarde teve forró. Esse dia eles estavam antecipando o Dia do Índio.

19/04/16 amanheceu muito nublado, por causa da chuva de madrugada, mas de dia também chovia um pouco a qualquer hora, como se fosse **chuvisco de Aru**. E o nível do médio Tiquié desceu pouco. Esse dia dezenove de abril é comemorativo do Dia Nacional do Índio. Após o dabucuri teve homenagem dos alunos do Ensino Fundamental e Médio, fazendo dramatizações para o público, e assim foi continuando a festa. Parou no amanhecer do outro dia, mesmo assim fomos continuar bebendo o resto do caxiri.

21/04/16, amanheceu muito nublado por causa da chuva da madrugada toda e continuou chuviscando a qualquer hora assim de dia. E o nível do médio Tiquié ficou parado e começou a subir. No começo da noite deu muita chuva, amanheceu chovendo no outro dia. **E essa noite de chuva teve muitas festas de rãs.**

22/04/16. Tempo amanheceu bem ensolarado, o dia inteiro não choveu, e o nível do médio Tiquié estava subindo grande. Fomos dar um passeio no rio Castanha, em quatro pessoas com rabeta. No final da tarde, em um local chamado *Pahsapito*, houve piracemas de peixes e muitas rãs, pegamos bastante peixes com nossas malhadeiras e decidimos retornar para nossa comunidade.

26/04/16. Amanheceu mais outro dia de sol, o dia inteiro não choveu e o nível do médio Tiquié parou de subir. Meu pai José foi começar a roçar mata de capoeira bem fechada, para poder queimar no **Verão de Aru**.

No dia 28 de abril, a previsão do tempo foi nublado e muita chuva fria de Aru. Esse Aru começou esse ano muito cedo.

Em 04/05/16, nesse dia de manhã e à tarde deu muita chuva, como chuvisco de Aru, e o nível do médio Tiquié desceu pouco.

06/05/16. O dia foi bem melhorzinho, com sol o dia inteiro, não choveu. O nível do médio Tiquié começou a descer grande, ~1m. Aproveitando o dia de sol, saí de casa bem cedo para iscar jenipapos na frente da minha comunidade. Botei 12 unidades de anzóis com essas iscas e voltei para casa com 18 aracus e 6 pacus bem grandes. Minha mãe ficou feliz de ver os peixes. Ela cozinhou uma parte e fez mujeca. O restante ela moqueou.

09/05/16. A previsão do tempo amanheceu bem ensolarado nesta manhã. E o nível do médio Tiquié desceu grande, ~1m. Em toda parte dessa região do Alto Rio Negro, onde tem as palmeiras de açaí-do-igapó, elas estavam no tempo certo de coletar as frutinhas para consumo. É também época de jenipapo, que se estava comendo bem nessa primeira enchente da **Constelação *Ñohkõatero* (Grupo de Estrelas)**.

12/05/16. Amanheceu nublado, com chuvisquinho, e o nível do médio Tiquié estava subindo mais. Dia de saída para a cidade, para assinar contrato da minha função AIMA. Peguei carona com Sr. Maximiano, saímos às 14h da tarde, pernoitamos em Cunuri do Tiquié.

No outro dia, 13/05/16 amanhecemos em Cunuri do Tiquié, dia muito nublado. Tomamos mingau e logo saímos às 8h da manhã, viemos descendo devagar, parando onde os pescadores estavam nas barracas trocando farinha por peixe. Pernoitamos na comunidade Colina.

Nesta segunda-feira, 16/05/16, chegamos no porto da cidade, no Dabaru, às 15h da tarde. Depois de chegado na cidade não anotei mais o meu diário, dentro de dezesseis dias ficou sem anotações.

03/06/16. Amanheci na cidade, pela parte da manhã foi muito nublado. Nesta sexta vim subindo de novo, pegando carona com Sr. Ermínio Pedrosa, destino comunidade, saímos do porto da cidade às 14:30h. Pernoitamos em *Yauawira*, na casa do Celestino.

08/06/16. Amanheci em minha comunidade, dia de sol normal, e o nível do médio Tiquié continuou descendo mais. Após a quinhampira eu, Rogelino, Alcimar e o aluno Valdemir fomos pescar peixinhos, como piabas, no igarapé Cunuri. Pescamos somente dois remos cheios de peixinhos. Também os dois pegaram açaí-do-igapó bem pretinho, dois baldes cheios. E à tarde deu pouca chuva, rápido.

18/06/16. Amanheceu bem com sol e o nível do médio Tiquié desceu pouco. À tarde meu pai José Azevedo foi queimar a roça dele, que ele tinha preparado roça de capoeira bem fechada. E uma parte da roça queimou bem, mas veio chuva e atrapalhou. Assim ele contou para minha mãe.

Domingo, 19/06/16. Amanheceu muito nublado, pouco a pouco foi passando até que melhorou, o dia foi bem com sol o dia todo, à noite fez pouca chuva. Amanhecemos nesse domingo eu, Rogelino, e meu pai, muito embriagados, e voltamos de Floresta às 7h em nossa casa. Ao invés de ir rezar, ficamos escutando músicas, fazendo barulho bem grosso.

22/06/16. Amanheceu dia normal. O nível do médio Tiquié continuou subindo um pouquinho. Às 7:20h comemos quinhampira, japurás misturados com peixes e tomamos mingau. Logo após comer, às 8h, fui roçar a minha primeira roça nesse ano de 2016.

23/06/16. Amanheceu dia bem com sol, e o nível do médio Tiquié continuou subindo pouco. Às 9h fui roçar em mata secundária, bem pertinho de casa. Voltei para casa às 13h e quase terminei de roçar, fazendo segundo dia de trabalho. À noite, às 20h, saí para fachear peixes no igarapé Cunuri, voltei à meia noite, consegui bastante peixe.

Nesta sexta-feira amanheceu muito nublado, com chuvisco direto o dia todo, porque nesses dias é tempo certo de chover mesmo, é época de chuva (inverno). Mesmo assim, no meio do chuvisco, fui roçar, querendo terminar. Mas não aguentei de tanto apanhar chuva e voltei para casa.

02/07/16. A previsão amanheceu muito nublado pela manhã, e o nível do médio Tiquié continuou subindo pouquinho. À tarde eu, Rogelino, fui pescar abaixo da comunidade, pescando com caniço, linha 0,30 e o anzol n° 15, com iscas daracubis, pescando aracus e jacundás. Como estava no tempo de migração de peixes, comia-se muito bem. Só o que atrapalhava era a *pirayawara*, que é o "boto". Mas os que tinham muitas malhadeiras comiam bastante.

11/07/16. Amanheceu com sol normal nesta manhã, e à tarde, às 14h fez pouca chuva rápida. O nível do médio Tiquié desceu ~40cm. Às 7:40h, no centro comunitário, comemos quinhampira e peixes, mujeca de mandubé, peixes cozidos de moqueado. E na outra mesa teve mingau de goma misturado com pouco de farinha, chamado em Tukano *burusãke*, todas as cinco panelinhas misturadas com buriti. Nesta segunda-feira eu, Rogelino, fiz ajuri para fazer roçado com os homens da minha comunidade, eram sete homens trabalhando em mata de capoeira bem fechada. Mas não tive caxiri. O trabalho foi feito de chibé e suco com biscoitos. E de volta do trabalho, após tomar banho, comemos comidas de branco que minha mãe Anita preparou, como arroz com sardinha, feijão com charque e mais farofa de sardinha. E nós também viramos como brancos.

12/07/16. À meia noite, fui focar paca no Igarapé Cunuri, logo abaixo da minha comunidade. Entrando no igarapé, logo vi duas pacas, só que elas estavam muito ariscas e nem dava para atirar, porque eu não tinha puçanga para atrair as pacas. Como ia voltar para casa sem nenhum peixe, no mesmo igarapé facheei peixes e consegui zagaiar muitos, e nem errei de zagaiar. Voltei para casa às 4h com um monte de peixes. Ao amanhecer, nesta terça-feira, o tempo foi bem com sol pela parte da manhã, e o nível do médio Tiquié desceu grande, ~40 cm, quase secando. Às 13h em ponto veio grande chuva, com trovoada forte, parou de chover às 15:40h.

13/07/16 fui derrubar os paus grandes que ficaram no meio da roça, saindo de casa às 9h da manhã. Voltei para casa quando terminei de derrubar, às 15h, muito cansado. Descansei 15 minutos e após banhar comi peixes que eu tinha conseguido antes, a minha mãe moqueou. Após comer descansei um pouco, e às 16:40h eu e meu pai José fomos fachear na noite. Matamos muitos peixes e atiramos em uma paca de 7 kg, que é o normal. Voltamos para casa à meia noite.

Domingo, 17/07/16. Amanheceu com sol o dia todo neste domingo. O nível do Tiquié parou de subir. Às 6:40h arrumei minhas coisinhas na minha bolsa para viajar para a cidade. Falei com Damásio, vou ser o barqueiro.

20/07/16. O tempo foi muito nublado, com pouco chuvisco quando amanhecemos em Cunuri do Uaupés. Seguimos nossa viagem e chegamos no porto da Fortaleza às 14:30h. Alugamos na estância do Bahiano um quartinho. O Damásio, meu tio, tinha muitos filhos (as), e somente eles ocupavam. Eu, Rogelino, fiquei na canoa mesmo. Por esse quarto, para morar dentro de 14 dias, a diária era R$ 20,00, dentro de duas semanas o total de R$ 280,00.

01/08/16. Numa segunda-feira amanheceu pouco nublado pela manhã. Bem cedo chegou um patrão com seu caminhão procurando voluntários para transportar mercadorias no porto de Camanaus. Só para pegar um pouco de reais fui com eles, fomos oito pessoas. Chegando em Camanaus tomamos café com pão e logo já começamos a trabalhar, o caminhão lotado. Voltei para casa às 18h e fomos deixar as mercadorias das três lojas. Em casa voltei mesmo depois que o patrão pagou cada uma das oito pessoas, cada um recebeu R$ 30,00 por esse dia. Fiquei muito cansado, como eu estava trabalhando a primeira vez desse jeito. É bom por uma parte, após muito sacrifício a gente recebe o pagamento.

02/08/16. O tempo foi pouco nublado na cidade: o nível do médio rio Negro estava descendo. Pouco a pouco o dia foi melhorando com sol.

03/08/16. Amanheceu com sol. À tarde deu muita chuva grossa, começou às 18h até às 23h da noite. Chovendo **Chuva da Constelação *Yhe* (Garça)**. Quando chove muito aqui na cidade de São Gabriel da Cachoeira, em toda parte, nas ruas, a gente vê muitas sujeiras nos esgotos, contaminando as pessoas através do aparecimento de carapanãs. Bem perto da lixeira fazia aquele feio cheiro no esgoto. Passando no meio desse mal cheiro a pessoa fica contaminada com vários tipos de doenças. Com os esgotos mesmo, aqui na cidade, estão aparecendo mais carapanãs, e com eles as pessoas ficam contaminadas com malária, às vezes ataca na cidade mesmo, ou nas comunidades. No meu pensamento, fiquei refletindo: será que entre outras cidades é igual a essa? Estão conservadas? Ou serão piores que essa cidade?

01/09/2016. Amanheceu bem com sol nesta manhã de quinta-feira na cidade. Como no último dia de ficar na cidade nós, o grupinho de AIMAs, estávamos ajudando a despachar materiais de trabalho por cinco regiões.

06/09/2016. A previsão do tempo foi bem com sol o dia inteiro. E o nível do médio Tiquié estava descendo mais ~ 1m. Este mês de setembro os peixes estavam migrando muito. Os aracus chamados *ñiáwaia*.

08/09/2016. Às 22h fui fachear peixes abaixo da minha comunidade. Voltei para casa às 3:30h da madrugada, durante o facheio de peixes apareceu um grande amigo que ajuda muita gente: esse amigo é o boto espantando peixes. Com ele eu me aproveitei de muitos aracus. E a previsão de tempo foi bem com sol o dia todo, e o nível do médio Tiquié continua descendo mais ~ 40 cm.

09/09/2016. O tempo amanheceu bem com sol, e o nível do médio Tiquié continuou secando ~ 40 cm. No final da tarde veio chuva com trovoada forte, e deu pouco chuvisco e passou. Depois da chuva eu, Rogelino, levantei da rede e fui pescar tumbiras no luar, abaixo da comunidade. Assim que a lua se pôs ficou escuro, daí comecei a fachear e matei muitos peixes aracus e acarás-trovão. Quando comecei a fachear logo apareceu o boto chamado Genoveva, me ajudou bastante. Com ele, cheguei no porto às 4h da madrugada.

10/09/2016 em diante, quando eu tinha consumido peixes gordurosos como aracus moqueados, as feridas que eu tive nas minhas costas ficaram piorando, e meu pai José trabalhou muito com seu benzimento. Não sei quantas vezes que ele tinha benzido a noite toda, e dia também. Quando queria comer peixes e as carnes gordurosas sempre coçava e sentia queimação, e desse caso meu pai me protegeu um pouco, mas não sarou muito bem e continuou doendo. E a previsão do tempo neste sábado foi bem com sol o dia inteiro, não choveu. À noite veio chuva com trovoada, depois choveu pouco, e continuou chuviscando.

E ao amanhecer no outro dia, no domingo, dia 11/09/2016 amanheceu muito nublado e o nível do Tiquié parou de descer e começou a subir um pouquinho. Ao meio dia fui saindo para pescar, mas não deu certo, quando eu estava começando a pescar de repente veio chuva muito grande com temporal forte e choveu bastante grosso. Segundo meu pai José, essa chuva que estava chovendo, em tukano se chama *Ñia pehákoese*. Parou de chover até no final da tarde, e essa hora fui no porto e vi que o nível do rio começou a subir grande.

12/09/2016. Amanheceu bem com sol o dia inteiro, o céu estava "claro como ovo de inambu", assim minha mãe diz quando o céu estava bem azul. E o nível do médio Tiquié subiu grande. Nesta segunda-feira nós, AIMAs do Tiquié, estávamos saindo de nossas comunidades destino Ipanoré para realizar as entrevistas do PGTA.

14/09/16. Amanhecemos na Comunidade Ipanoré, com a previsão do tempo foi pouco nublado. E o nível do baixo Uaupés subiu pouco.

Esses dias, durante pesquisas de entrevistas do PGTA, começou-me a atacar malária, no dia 30/09/2016. Até no dia cinco e seis estávamos em Pari Cachoeira, continuava do mesmo jeito, só me parava quando eu tomava remédio de dipirona, não muito, somente aliviando as dores.

08/10/2016. Em São José amanheceu bem com sol nesta manhã de sábado, e o nível do médio Tiquié subiu grande. Neste sábado a escola junto com a Comunidade teve uma programação de fazer limpeza ao redor da Escola Tukano Yupuri, homens e mulheres juntos. Paramos o trabalho de limpeza às 11:45h da manhã e logo o líder geral mandou as mulheres dessa comunidade pegarem as quinhampiras e peixes. Na outra mesa teve chibé com água. Após a quinhampira, eu, Rogelino, dei informes sobre nossos trabalhos de pesquisa do PGTA que foram feitos.

Domingo, 09/10/2016. Em primeiro lugar vou dizer que a malária começou a atacar à meia noite por três vezes, até amanhecer o dia. E às 7h estive com malária, mas nem me recuperava ainda essa hora. Melhorei até às 9h, e meus pais me deram muitos remédios caseiros como não tinha remédio dos brancos.

10/10/2016. O tempo amanheceu bem com sol, e o nível do médio Tiquié subiu mais com água barrenta. Às 17h eu, Rogelino, como tinha melhorado um pouco da malária, fui ver a piracema de piabas. Dito-e-feito, aconteceu a piracema na boca do igarapé Cunuri. **Chuva da Constelação *Sipé Phairó* (Jararaca de Cu Grande).**

11/10/16. E nesta manhã amanheceu bem com sol, e eu, Rogelino também amanheci com malária, tendo muitos pesadelos, dores de cabeça e no corpo.

A malária estava com quartorze dias, começou dia 27 até dia 11/10/16. E eu só tomava remédio caseiro feito de chá de coco pequeno esquentado. A receita para tomar é: de manhã 6h, meio dia e antes de dormir. Quando não tiver mesmo desse tipo de remédio caseiro, a malária é para matar mesmo. A equipe de endemia não chegou no polo base. **Desta vez, nesse mês de outubro, tiveram muitos doentes de malária em todas as comunidades, tanto de cima como de baixo e afluentes.**

14/10/2016. Amanheceu bem com sol na comunidade São José II. E o nível do médio Tiquié começou a descer ~ 20cm. Às 9h fui no polo base ver o resultado de lâmina, mas só que deu negativo. Então a equipe de endemia fez teste rápido, e não demorado saiu o resultado: era malária mesmo. No mesmo dia, às 11:45h da manhã comecei a tomar esses remédios.

18/10/2016. Amanheceu mais outro dia de sol, e o nível do médio Tiquié continuou descendo mais. Meu pai José foi derrubar roça dele de mata virgem, e uma parte de capoeira alta. E eu, Rogelino, fui pescar piabas no igarapé Cunuri.

19/10/2016. Amanheceu mais outro dia de sol, e o nível do médio Tiquié desceu grande, mais de 1 metro. Às 7:30h no centro comunitário comemos quinhampira e mingau na outra mesa. Esses dias que estava acontecendo verão são chamados de ***Ñia diarã kumã***, foram dias muito quentes.

Quinta-feira, 20/10/2016. A previsão do tempo amanheceu mais outro dia de sol, pela parte da manhã. E o nível do médio Tiquié continua secando mais. À tarde, às 15:40h, veio chuva com trovoada, temporal forte e novamente fez pouco chuvisco, e depois passou. E o meu pai, José Azevedo, estava no penúltimo dia de derrubação da roça dele de mata primária.

23/10/2016. Amanheceu bem com sol, o dia todo não choveu e o nível do médio Tiquié continuou descendo. Dia de saída para a cidade para participar da Oficina de Etnobotânica, saímos do porto da comunidade às 10:30h com motor 15 HP do ISA.

27/10/16. Em Trovão do Baixo Uaupés na madrugada à 1h veio chuva com trovoada forte, choveu até amanhecer. Essa chuva é de constelação, da primeira **Constelação de Jararaca**, em Tukano: ***Aña Siõkha*** ■

constelações e estações dos povos tukano do rio Tiquié

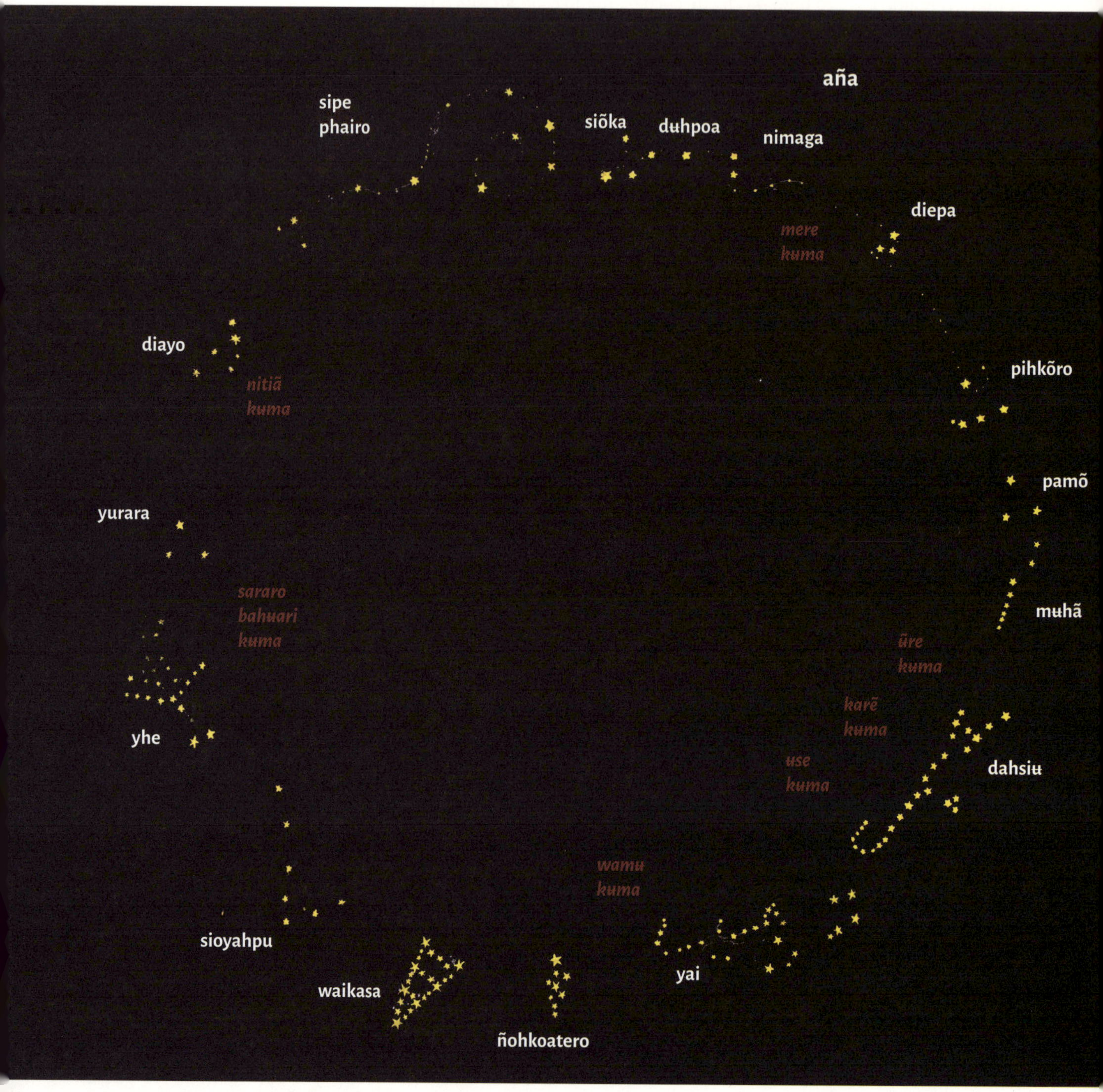

Textos em tukano e português.

No desenho acima, as contelações e os nomes dos verõe *kuma*, em vermelho.

aña
jararaca

estações

aña siõkha poero / ahsitaro / kʉmataro
aña dʉhpoa poero / ahsitaro / kʉmataro
aña nimaga poero / ahsitaro / kʉmataro
aña opʉ poero / ahsitaro / kʉmataro
aña diepa poero / ahsitaro / kʉmataro
aña pikorõ poero / ahsitaro / kʉmataro

mere kʉma	***verão de ingá***
Yuhkʉdʉhka: pahtidʉhka pahtise, dia ahkiõ yetise, wahsõ, wahpʉ, momoarã wahsõ, waiõari, bʉhpʉa mere, ñumu mahkã, simiõ.	Frutificação: taquari, sorvinha, cunuri, osso-de-peixe, ingá-aranha, bacaba, japurá.
Yuhkʉbʉhkʉ wehseri hʉ̃ari kʉma.	Tempo de queimar roça de mata alta.

Wai nipetirã ñekoeri poero.	Período de reprodução de muitas espécies de peixe.
Aña poekʉ petikã wai tũrise.	Primeiras piracemas (preparação dos locais de desova) dos peixes.
Aña piroa porãtise nʉmʉri.	Desova de jararaca.
Wai nipetira ʉsesã, dierisãri poekʉ. Wai uiri poekʉ. Aña poekʉ yoaka nirõ.	Peixes com gordura, formando ovas. Peixes estão com medo (não comem isca na pesca). Enchente longa.
Wai turisama kʉ̃ Aña poekʉ yoakã nikasa tekʉ̃ Aña petiro merã turisama.	Piracema de aracu-riscado, aracu-três-pintas, matrinchã, araripirá.
Seã, botea nitĩ maritirã, botea nitĩ peritira, miõwai, diparia turĩse nʉmʉrĩ.	
Dʉpotiãra wase nʉmʉrĩ, mehkã diarã wase nʉmʉrĩ.	Revoada de espécies de saúva e térmitas.
Oma use.	Canto e reprodução de anfíbios.
Airia wamʉse.	Migração de anus.
Bapa mirirĩ poekʉ.	Daracubis emergem e sobem nos paus com repiquete.
Yuhkʉdʉhka ori: waibia, pahtidʉhka, muĩ, waisuĩ, mihpĩ, kerõ.	Floração: pimenta-de-peixe, taquari, caraná, açaí-do-igapó, jatobá
Yuhkʉdʉhka: bati, mere, wamʉ.	Frutificação: japurá, ingá, umari.
Aña bʉhkʉrã.	
Darase: wehseri hʉ̃ase, ohtese, takuresé.	Trabalho de roçar e queima de roças já preparadas.
Doatise: aña kõse, heõ purĩse, whʉake, dohkesekiase.	Doenças: picada de jararaca; gripe forte; malária; tonteira com diarréia, vômito e dor de cabeça.
Ikia bahsa, Wahpiri bahsa.	Realização de cerimônias com as danças de Inajá e *Wahpiri*.
Weti darese.	Realização de benzimento de proteção da comunidade.

pamo oãduhka
osso de tatu

estações

pamo oãdʉhka poero / ahsitaro / kʉmataro

Turi poero.

Yuhkʉ botea, seã pihkarã, akoãra turĩse nʉmʉrĩ.

Omã usé, toarõ usé.

Mehka wase, biaporã wase, buhtua wase.

Bʉhpo nʉmʉrĩ.

Hã, kahtasõrõ, ehkaʉ, kahta, watarapó usé nʉmʉrĩ.

Wehkoa wamʉse nʉmʉrĩ.

Dʉhkʉ bubese, ohtese, tákurese, dʉhte peose kʉmarĩ.

Wai baasé bʉkʉawase.

Doatise: dohkese keasе, wahpirĩ.

Ʉ̃reko sirĩse nʉmʉrĩ.

Enchente com piracema.

Piracema de aracu-de-pau, piabas, saranas.

Canto e reprodução de anfíbios.

Revoada de espécies de saúva e térmitas.

Tempo de trovoadas.

Canto de inambu, jacu, urumutum.

Migração de papagaios.

Trabalho de plantio, roçar, coivarar.

Doenças do tempo relacionadas à piracemas e a *waimasã*.

Dias de beber vinho de pupunha.

pamo
tatu

estações

pamo poero / ahsitaro / kʉmataro

Turĩ poero.

Oma usé.

Mehkã, biapõra, buhtua wase.

Waibahsa.

Enchente com piracema.

Canto e reprodução de anfíbios.

Revoada de espécies de saúva e térmitas.

Cerimônia com Dança-de-Peixe.

ʉ̃re kʉma / karẽ kʉma / ʉse kʉma — ***verão de ingá***

Dʉhtepeo hʉ̃ase kʉmari.

Sibirã seri kʉma.

Coleta dos peixes que ficam presos nos poços rasos no verão.

Queima de roçado e coivara.

mʉhã
jacundá

estações

mʉhã poero / ahsitaro / kʉmataro

Turise poekʉri.

Wai wamʉse: seã arusuakã wamʉnʉhkãse poekʉri.

Mehkã, biapõra, buhtua, ñamimehkã, ñasã diãra, kaka diãra.

Oma usé nʉmʉrĩ.

Bʉhpo nʉmʉrĩ.

Yuhkʉdʉhka: kerõ, mere, mihpĩ.

Doatise: heõ, papũrise, wahkari, whʉake.

Enchente com piracema.

Começo de subida de piabinhas.

Revoada de espécies de saúva e térmitas.

Canto e reprodução de anfíbios.

Tempo de trovoadas.

Frutificação: jatobá, ingá, açaí.

Doenças: gripe, torcicolo, dores no corpo, dor de barriga.

dahsiʉ̃
camarão

estações

dahsiʉ̃ poero / ahsitaro / kʉmataro

Turĩ poero

Amõyese; mihpĩ, serã mere poosé.

Umua bahsa, Wai bahsa

Enchente com piracema.

Cerimônia de iniciação e dabucuri de açaí e ingá-de-macaco-barrigudo.

Cerimônia com Dança-do-Japu e Dança-de-Peixe.

yai
onça

estações

yaisiokha poero / ahsitaro / kʉmataro
yai ʉsekapori poero / ahsitaro / kʉmataro
yai dʉhpoa poero / ahsitaro / kʉmataro
yai uhpʉ poero / ahsitaro / kʉmataro
yai pihkorõ poero / ahsitaro / kʉmataro

wamʉ kʉma	*verão de umari*
Wamʉ petika bero warikʉma. Dia mere, botea mere, bii mere purõ ʉ̃htese (bem maduro).	Verão que acontece quando acaba frutificação de umari. Espécies de ingá maduros.
Wai turipeti piabʉrʉri kʉma.	Final do tempo de piracemas.
Kaia wamʉra.	Migração de tuim.
Wai turĩ peti, wamʉnʉkari poekʉ.	Final das piracemas e início da subida dos peixes.
Besu wai dieri kʉorã; wariã, bʉhpoa, mʉhá, buá, dʉhpʉriterõa... porã kohterã.	Desova de peixe liso, de esporão; tempo de acará, acará-trovão, jacundá, pacus, de bauaris guardarem seus filhotes.
Omã, toarõ, tuhã umʉkari poero	Canto e reprodução de anfíbios.
Yaibʉhkʉra duhisé nʉmʉrĩ.	Migração e transformação de pássaros (espécie de andorinha).
Mirikʉã wamʉse: hã, potoro, ahkodahse, airiã, yhea, umu, wekoa.	Migração de pássaros: gavião-tesourinha; inambu, trocal, carará, anu-preto, garça-grande, japu e papagaios.
Nurira nʉmʉrĩ.	Tempo de pium.
Mehkã, biapõra, buhtua, ñamimehkã, ñasã diãra, kaka diãra.	Revoada de espécies de saúva e térmitas.
Bʉhpo nʉmʉrĩ.	Tempo de trovoadas.
Waikʉrã porãtira.	Reprodução de animais (mamíferos).
Waikʉrã wamʉse: serã, pikõturo, ake, wasõwi, waú, pihkõse.	Migração de animais: macaco-barrigudo, acari, macaco-prego, irara, zog-zog.
Mirikʉ̃ poratirã: wehkoa, dahsea, nepu'ti, kohtoa, waropĩ.	Reprodução de aves: papagaio, tucano, coró-coró, mutum.
Yuhkʉdʉhka: mihpĩ, wahpʉ, wahsõ, wãso oriduhka; araçá-boi, ohtese mihpĩ, ʉ̃re, paĩdʉhka, ihki, theõ.	Frutificação: ingá-de-metro, açaí-do-pará, pupunha, fruta-pão, inajá, piquiá.
Dʉhkʉ bubese / ohtese, sekĩse.	Dabucuri de frutas; cerimônia de proteção da comunidade.
Yuhkʉdʉka poose; wehtidarese.	Doenças: gripe, malária, abcessos.
Doatisé: ehõ, whʉake, bipisé, mahsãniarã.	Trabalho de roçar capoeira baixa.
Darase: yuhkʉ wima sekĩse nʉmʉri.	

ñohkoatero
plêiades

<u>**estações**</u>

ñohkoatero poero / ahsitaro / kʉmataro

Wʉrʉ̃ nʉhkarĩ poero.	Começo de Aru.
Seã wai nipetira wamʉri poero.	Migração / subida de piabas.
Ñohkõatero bʉkʉrã, yhea, ahkodahsea, waá wamʉse nʉmʉrĩ	Migração de espécie de andorinha, garça, coró-coró.
Oma usé.	Reprodução de *juí*.
Nurirã bhause nʉmʉrĩ.	Tempo de pium.
Wirõ wase nʉmʉrĩ.	Tempo de ventania.
Waikʉrã wamʉse: yehsea sihtirã, yehsea burua.	Migração de animais: queixadas, caititus.
Mirikʉã wamʉse: ahkodahse, airiã, yhea, umu, wekoa.	Migração de pássaros: coró-coró, anu-preto, garça-grande, japu, papagaio.
Yuhkʉdʉhka: dia behta, ahko ʉ̃re, nee, ñumu pahka, ñumu mahkã; wahpekara pahka, paĩdʉhka, ohtese mihpĩ.	Frutificação: jauari, pupunha (primeira pequena safra), buriti, patauá, bacaba, cupuaçu, fruta-pão, ingá-de-metro.
Doatisé: ehõ, whʉake, bipisé.	Doenças: gripe, malária, abcessos.
We'tidarese.	Proteção da comunidade.
Wehse tarãse, paasé.	Roçando novas áreas.

waikasa
jirau de peixe

estações

waikasa poero / ahsitaro / kʉmataro

Wai wamʉrĩ poero.

Yuhkʉdʉhka buhtimʉtãse.

Wai nipehtira wamʉra nʉmʉrĩ.

Airiã wamʉra.

Nurirã bhause nʉmʉrĩ.

Diakoma uripoero.

Mirikʉ̃a wamʉse: ahkodahse, airiã, yhea, umu, wekoa.

Yoasõ wahsokʉro wamʉse.

Yuhkʉdʉhka ori: mere ohtese, uñu, behsu mere,

Yuhkʉdʉhka: yaikerõ; diawe punʉkarĩ poero.

Yuhkʉdʉhka: nee, wehti, mihpĩ, diawe, duhkawẽdaduhka, behta, wasõripʉdʉhka, waiwahsõ, pahtidʉhka, diamuĩ, mere sipama, kai toa, merekapetoro bhauase nʉmʉrĩ.

Doatise: whʉake, diibehkoa, aña kĩrise.

Enchente e dias de Aru.

Enchente de subida de peixes.

Migração de peixes intensa.

Migração de anu-preto.

Tempo de pium.

Canto de marreco no igapó à noite.

Migração de pássaros: coró-coró, anu-preto, garça-grande, japu, papagaio.

Migração de teiú.

Frutificação: buriti, umiri, açaí-do-igapó, jutaí, jenipapo-do-rio, apui, tucumã, taquari, caraná-do-rio.

Floração: ingá-de-metro, abacate, ingá-de-arma, jatobá.

Doenças: malária, filária, picada de cobra.

kaisarirõ

Basa beto sarirõ.

Constelação roda de dança.

sioyahpu
cabo-de-enxó

estações

sioyahpu poero / ahsitaro / kʉmataro
wʉ̃rʉ̃ poekʉ
wʉ̃rʉ̃ wamʉrĩ
wʉ̃rʉ̃ piabʉrʉase / ahsitaro

Sioyahpu poekʉ, wʉrʉ̃ nʉmʉri poekʉ, wʉrʉ piabʉrʉari mhuipĩ atiro wasetiwʉ, ahko pease poekʉ nʉmʉri.	Enchente Cabo de Enxó e dias de Aru, subida de Aru. Dias de chuva.
Wai wamʉse.	Subidas dos peixes.
Diawe puse.	Jenipapo-do-rio caindo.
Diaahkĩ yetise nʉmʉri.	Dias de espocar frutas *diaahki* do igapó.
Haupeã, mʉteã, behkoa mʉhteporo nʉmʉri.	Aparecimento de borrachudos, carapanãs, piuns.
Sararo, mʉ̃mʉ̃riwia, yasarã, buhtiwhirã, soãra, niirã wamʉse nʉmʉrĩ.	Subida de gafanhotos sararó e outros.
Waikʉra wamʉse: seme, wehkʉ, meresĩabuhtira.	Migração de aves: mutum, carará.
Mirĩkʉ̃a wamʉse: waropĩa, ahkodahsea, waá.	Migração de animais: paca, anta, macaco-de-cheiro-branco.
Emõ usé akoro dʉporo.	Tempo de canto de guariba antes da chuva.
Yuhkʉdʉhka: diakoe mihpĩ, ñumu mahkã, ñumu pahka, ohtese mipĩ, nee, ʉ̃re, ʉse.	Frutificação: buriti, *umiro*, açaí-do-igapó, bacaba, patauá, cucura, pupunha.
Weseri: ahko nʉmʉri tarãse, sekĩse, wʉrʉ̃ kʉ̃ kʉmataro hʉ̃ase, wiake, yuhkʉbʉhkʉri tarãse, bʉhkʉ wiake. Até wehserire ñia kʉma nikã hʉanõ.	Trabalho na roça: roçar para queimar no verão de lagarta-comestível.

sararó bahʉari	***verão de aparecimento de gafanhoto sararó***
Wai yupasase nʉmʉri.	Dias de peixes bocarem na superfície, em razão da água estar "envenenada" pelo tinguijamento do Aru.
Wehseri: yuhkʉ wima wehseri hʉ̃ase pʉnaʉmʉ itianʉmʉ kʉmatasere hʉ̃ari kʉma.	Trabalho de queimar roça de mato baixo, depois de dois ou três dias de verão.
We'ti darese: mʉrorõ, patu, ohpé, we'é, werero, ʉrõña mera.	Cerimônia de benzimento de proteção da comunidade com cigarro, ipadu, breu, cera-de-abelha e carajuru.

diayo
ariranha

estações

diayo poero

Diayoa bhauari poero, wai wamʉrare bamʉara.

Waikʉra nihpetirã porã kʉorã: seme, wehkʉ, yehse sihtigʉ, serã, bohsó, buu.

Mirikʉ̃a nihpetirã porã wherã.

Yuhkʉdʉhka: nee, ñumu pahka, tataboa mihpĩ.

Yuhkʉdʉhka ori: ñabu, ʉ̃re, mere.

Enchente de aparecimento de ariranhas, que estão migrando e se alimentando de peixes.

Animais com filhotes: paca, anta, queixada, macaco-barrigudo, acutivaia, cutia.

Frutificação: buriti, patauá, açaí-da-caatinga (chumbinho).

Floração: jambu, pupunha, ingá.

uphaigu ou yurara
jabuti-grande

estações

bihpia / ñamia / uphaigʉ / yaka / purĩti poeri

Bihpia, ñamia, uphaigʉ, yaka poero, phairi poero nitʉosa, poekʉ piabʉrʉato dʉhporore.

Yuhkʉdʉhka: toa, wahpʉ, wahsõ.

Poose nʉmʉrĩ.

Enchentes de pássaros bihpia e ñamia, jabuti-grande, bodó. Essa última enchente começa a secar, e de Yhe não vai ser tão grande.

Frutificação: uirapixuna, cunuri, sorvinha.

Tempo de dabucuri.

bati nitiã bʉrʉri kʉma

verão de subida de lagartas-do-japurá

Bati nitiã, nitiã, kaitoa... bhauri kʉma.

Doatise: bihpise, porá mahsãdiarã, pikõpurĩse.

Wehseri hʉ̃ari kʉma.

Aparecimento de lagartas comestíveis.

Doenças: abcesso, cárie, dor de barriga.

Verão de queimar área derrubada para roça.

nitiã bahuari nʉmʉri
nitiã duhiri kʉma
nitiã dieari kʉma

dias de aparecimento de lagartas

Nitiã wai wamʉri kʉma / wai ʉsesharã.

Yuhkʉ bʉhkʉ wehseri (ahkoa wehseri) hʉ̃ari kʉma.

Doatise: dohkese kiãse, whʉake, wahkari purĩse.

Bʉpo uase.

Migração dos peixes chamada peixes-das-lagartas. Os peixes estão gordurosos.

Doenças: malária, dores no corpo.

Trovoadas.

Trabalho de queimar derrubada de mata alta no verão.

yhe
garça

Poekʉ piabʉrʉase, wai sibisé mhuipurĩ / agosto yahpa.

Haupeã, mʉteã, behkoa mʉhteporo nʉmʉri.

Waikʉra wamʉse: wahsõwi, seme, wehkʉ, yehse sihtigʉ.

Mirikʉ̃a wamʉse: waá, haĩbʉhkʉ, eõro, yheñehkõ, diakahta, diakoma, diapuhtua (marrecos).

Yuhkʉdʉhka oose: wamʉ, diakoe mihpĩ, ohtese mihpĩ, kahsa, pakarõ ori, sõrasã ori, ñumu pahka, ñumu mahkã, kerõ, nee, wará, wahapirikãre.

Yuhkʉdʉhka bʉhkʉapʉase: pupia, wahsõ, (ahko) ʉ̃re.

Doatise: whʉake, ehõ, papĩrise, bihpisé, kami warosãse.

Tempo de borrachudos, carapanãs, mutucas, piuns.

Migração de animais: irara, paca, anta, queixada.

Migração de aves: socó, cabeça-seca, maguari, marreco, pato.

Floração: jambu, pupunha, ingá.

Frutas verdes: ucuqui, sorvinha, pupunha-d'água (primeira safra).

Frutificação: umari, açaí-do-igapó, açaí-do-pará, patauá, bacaba, jatobá, buriti, sapota.

Doenças: malária, gripe, absessos, feridas.

Queimada de roça de capoeira.

estações

yhe poero / ahsitaro / kʉmataro

aña sipé phairo
jararaca-anus-grande

Aña sipé phairo poero / ahsitaro / kʉmataro

Seã turĩ ʉmʉtarĩ poero.

Aña, dia ãna põratise.

Mirikhʉ̃a usé: warõpia, kahtakosõro, ʉ̃rʉ̃terõ, ehkʉ

Doatise: pirõa, whʉake, diibehkoa.

Wiaké paasé nʉmʉrĩ. Yuhkʉ bʉhkʉro tarari nʉmʉrĩ.

Waikʉra wamʉse: wehkʉ

Primeira desova de piaba.

Reprodução de jararaca.

Migração de animais: anta.

Canto de aves: mutuns, cujubim, urumutum.

Doenças: verminose, malária, filária.

Corte de capoeira. Roçar mata alta.

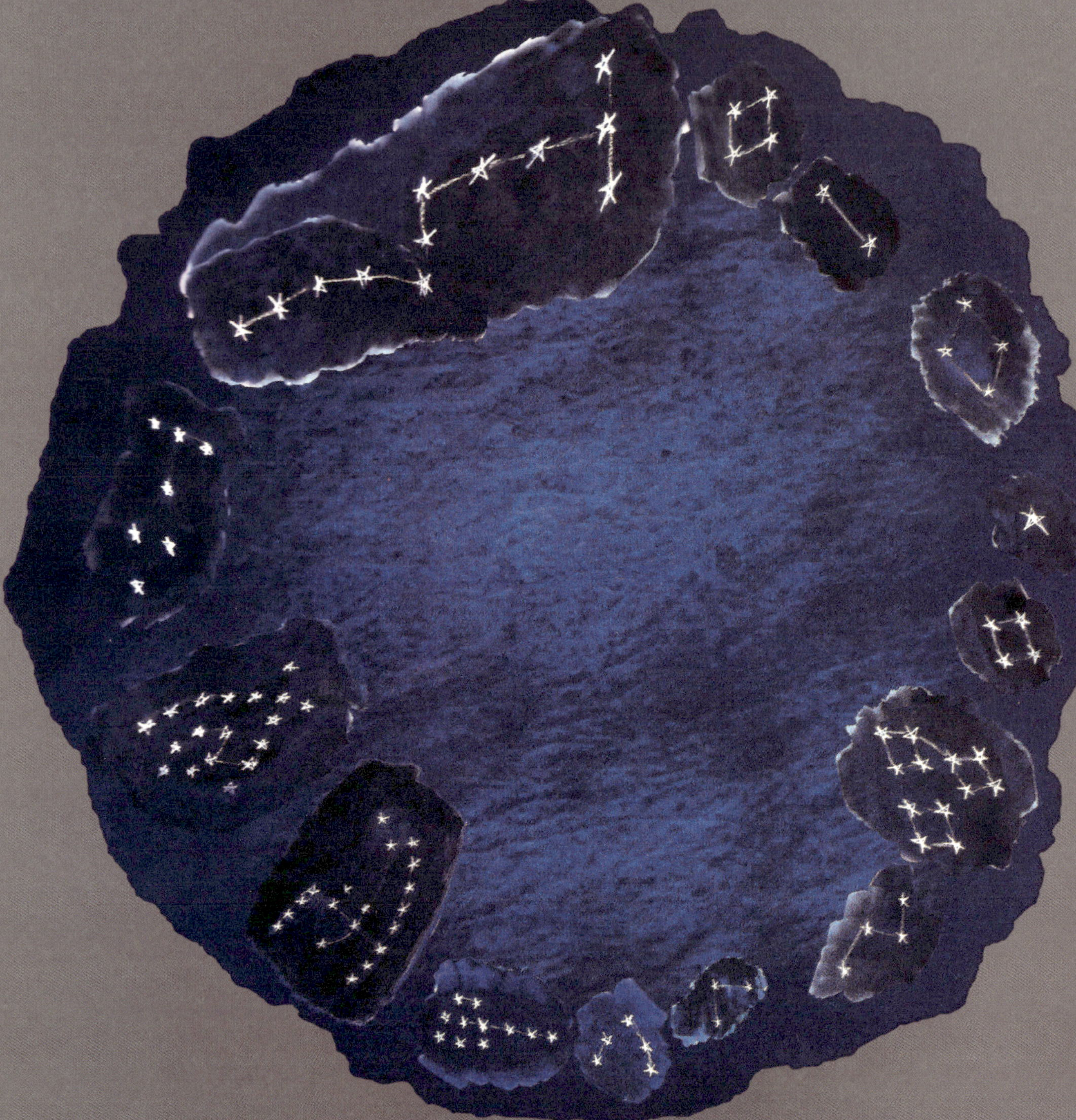

mudanças mais-que-climáticas na paisagem

Pesquisas e práticas envolvendo o manejo ambiental, calendário anual e outros ciclos temporais vêm sendo desenvolvidas nas comunidade e escolas do rio Içana há anos. Juvêncio Dzoodzo conta o que já foi feito e aponta questões importantes para toda a região

Dzoodzo Baniwa / Juvêncio Cardoso texto
Felipe Storch e Adeilson Lopes da Silva revisão

□Histórico das práticas de pesquisa sobre manejo ambiental

No âmbito da educação escolar Baniwa na última década, o tema do monitoramento ambiental e climático tem feito parte de debates, reflexão e preocupação. Resultaram desses esforços muitos planos de gestão ambiental escolar, pesquisas interculturais sobre manejo socioambiental e encontros entre escolas que compõem a Rede de Escolas Baniwa e Koripako. Porém, o monitoramento ambiental e climático não vinha sendo tão amplamente acompanhado e registrado no dia-a-dia como agora.

As escolas indígenas vêm sendo fundamentais neste processo e nas práticas de gestão ambiental. Foi realizada uma primeira pesquisa sobre o calendário Baniwa Coripaco (Acep/Oibi, 2003) coordenado por Carlos Arguelo e Judite Albuquerque, no âmbito do projeto Educação Escolar Indígena no Rio Negro (ver Dias Cabalzar, 2012). Desde 2005 já discutíamos, construíamos e implementávamos o primeiro plano de gestão ambiental na área da Escola Indígena Baniwa e Coripaco (EIBC) Pamáali. O livro *Kophenainako* (ISA/ACEP, 2006) trouxe um importante e inédito apanhado sobre os ciclos de vida dos peixes da bacia do Içana. Também vale mencionar o projeto "*Kophé Koyaanale* – Manejo sustentável dos peixes na bacia do Içana" (Oibi/ISA/Fiocruz Amazônia, 2006-2008), no qual foi organizada uma base de dados e informações sobre 146 espécies de peixes da bacia do Içana através do monitoramento da pesca entre março de 2006 e maio de 2008. Em 2008, em meu caso particular, comecei a participar de eventos e seminários regionais organizados pelo ISA sobre o tema de monitoramento do clima e meio ambiente, participando do seminário e oficina sobre os "Impactos da Mudança Climática em Manaus e na Bacia do Rio Negro" que teve como como resultado a publicação do livro "*Rio Negro, Manaus e as Mudanças no Clima*" (ISA, 2008). Neste livro (pp. 15-17) publiquei o meu primeiro depoimento intitulado "Um olhar de índio baniwa sobre a mudança climática". Neste mesmo livro, foi apresentada uma segunda versão do "Calendário Baniwa" (pp. 20-22), fruto de uma série de exercícios de identificação

Ao lado Constelações Baniwa

de ciclos importantes que ocorrem na bacia do Içana como períodos hidrológicos, estações climáticas, calendário agrícola e astronômico, piracemas, conferências religiosas e calendário fenológico da vegetação. Tal calendário fenológico baseou-se nos padrões fenológicos de 160 espécies vegetais ocorrentes na bacia do Içana e cujos períodos de florescimento, frutificação, chuva de sementes, queda de folhas e brotação foram sistematizados pelos pesquisadores indígenas integrantes do projeto "Paisagens Baniwa do Içana" conduzido por ISA, Oibi e EIBC entre 2005 e 2007 (Oibi, 2007); Kophé Koyaanale – Manejo sustentável dos peixes na bacia do Içana (Oibi, 2008).

Posteriormente participei como convidado indígena, do seminário "Pagamento por serviços ambientais", na cidade São Paulo. Em 2010, já como docente da EIBC Pamáali, envolvi diretamente os estudantes da escola na reformulação do plano de gestão ambiental da escola como parte integrante do ensino-aprendizagem, cinco anos depois do primeiro plano. A partir desta prática os alunos puderam implementar, também nas suas comunidades de origem, boas práticas de gestão ambiental, principalmente no manejo de lixo. Esta experiência resultou na publicação do artigo "Diálogos sobre manejo ambiental no Içana" (Cardoso, 2015).

Outro esforço para observar e monitorar o clima e os ciclos importantes na bacia do Içana se deu através da produção de pesquisa por alunos do ensino médio. Entre 2010 e 2011 foi feito um esforço de reflexão, formulação e sistematização das propostas estratégicas para o manejo socioambiental na região do rio Içana, que resultou na organização da série *Kaawhiperi Yoodzawaaka*, materializada na publicação do primeiro volume do livro-estojo O que a GENTE precisa para VIVER e estar BEM no MUNDO (EIBC, 2012). A publicação reúne treze monografias de estudantes de ensino médio da Escola *Pamáali* que abordam temas relacionados ao manejo de recursos e ambientes importantes para viver e estar bem no mundo.

A expressão escolhida para dar nome à série, *Kaawhiperi Yoodzawaaka*, vem descrita no livro como significando a "vitalidade e a interdependência entre os diferentes seres, objetos, ambientes e bens que são importantes para viver e estar bem na Bacia do Içana e no nosso mundo. O adjetivo *Káawhi* indica 'estado de consciência vital'. Kaawhiperi se refere, então, a tudo que está em estado de consciência vital, ou ainda, tudo o que procede daquilo que possuiu, em algum momento, essa vitalidade. *Yodzawaaka* incorpora o sentido de "todos em relação. É talvez a expressão Baniwa-Coripaco mais próxima do conceito de biodiversidade". O volume 2 da sérire foi publicado em 2015 e reúne 18 monografias de estudantes da escola *Herieni* da comunidade de Ucuqui Cachoeira, alto rio Aiari. Estas publicações são fruto do trabalho da Rede de Escolas Baniwa e Koripako, criada em 2008 para proporcionar oportunidades de intercâmbio de experiência entre as escolas Baniwa e Koripako (ver capas ao lado).

Neste processo a Rede de Escolas Baniwa e Koripako, como espaço de articulação e organização política das escolas e comunidades, foi central para iniciar as discussões de monitoramento do clima e meio ambiente. Nos primeiros quatro anos (2008-2012) de funcionamento da Rede, promovemos três encontros de intercâmbio. O tema do terceiro encontro realizado em 2012 foi "Mudanças Climáticas: O que a gente precisa fazer para viver e estar bem no mundo?". Assim, foi construído um diagnóstico de temas importantes para se observar, estudar ou monitorar. Somente esse encontro mobilizou 15 das 25 escolas de ensino fundamental completo, seis turmas de ensino médio, cerca de 40 comunidades, totalizando 300 pessoas. Esses eventos foram viabilizados através de projetos institucionais da Escola *Pamáali*.

Todavia, a partir de 2012 não conseguimos mais realizar tais eventos e acompanhar o processo de desenvolvimento de boas práticas de manejo ambiental nas escolas e comunidades. Isso porque a principal motivadora e articuladora do processo, a Escola *Pamáali*, entrou em crise financeira. Diante dessa situação, retomamos a conversa e procuramos mecanismos para fortalecer a Rede de Escolas Baniwa e Koripako, promovendo eventos e encontros, pois são espaços que motivam o processo de implementação e disseminação de boas práticas de Manejo Socioambiental na bacia do Içana. A rede de escolas é importante na construção do ensino de qualidade que concretize a proposta de gestão territorial e ambiental na bacia do Içana. O tema do próximo encontro da Rede será, possivelmente, o manejo do lixo, assunto que também está sendo debatido e estudado pelos pesquisadores indígenas deste novo trabalho e Projeto.

Foram muitos os esforços nessa última década, para registrar o clima e o meio ambiente. Todos estes trabalhos formaram a base para termos uma rede de pesquisadores Baniwa e Koripako preparados para fazer um bom monitoramento ambiental e climático nos rios Içana, Aiari e Cuyari.

O Projeto Monitoramento Ambiental e Climático

O Projeto Monitoramento Ambiental e Climático veio em 2016 como novidade e grande oportunidade para retomar, aprimorar, fortalecer e consolidar as iniciativas já desenvolvidas nos rios Içana e Aiari, assim como também nas outras regiões e escolas indígenas do Uaupés que vinham passando por dificuldades semelhantes de dar continuidade a importantes práticas de manejo animadas por quase quinze anos a partir do final dos anos 1990. Tal projeto vem possibilitando avançar na retomada de registros das memórias e narrativas sobre as boas práticas de manejo; fazer novas observações, acompanhamentos e registros diários de fenômenos ambientais. Com novos mecanismos, estamos discutindo evidências de mudanças climáticas observadas e vivenciadas pelas comunidades Baniwa na sub-região dos rios Içana e Aiari. Pretende-se que os resultados gerados subsidiem a formulação dos PGTAs, com boas práticas de manejo ambiental e climático na bacia do rio Içana.

Constituída a equipe de pesquisadores baniwa na sub-região do médio rio Içana e no Aiari, a pesquisa de monitoramento ambiental e climático começou no mês de setembro de 2016. Os pesquisadores-AIMAs

Agentes Indígenas do Manejo Ambiental vêm de várias comunidades, como mostra o mapa e as biografias nessa Revista.

Desde o início do Projeto já foram realizadas duas oficinas de trabalho. A primeira no final de 2016 na Escola Indígena Baniwa e Coripaco (EIBC) *Pamáali*, e a segunda, no final de março de 2017, na comunidade de Tunuí Cachoeira. A primeira oficina focou em aprimorar métodos de trabalho, práticas de resumo e síntese das anotações, e na introdução do tema de mudanças climáticas ao grupo de AIMAs. Os pesquisadores baniwa revisaram seus diários e compararam seus resultados com aqueles do livro Ciclos Anuais do Rio Tiquié (Cabalzar, 2016). A partir dessa análise, extraíram propostas de melhoria do método de pesquisa, adaptando o roteiro de anotação do diário à realidade dos rios Içana e Aiari. Foi também discutida e acordada uma lista de responsabilidades e atitudes de liderança que cada AIMA deve ter nas suas comunidades, como parte do processo e para garantir efetividade do projeto.

No final da oficina conversamos sobre a animação nas comunidades. Os AIMAs listaram, dentre todas as atividades, aquelas que mais gostariam de desenvolver através do Projeto nos próximos anos, retomando justamente estes três itens de maior importância: manejo do lixo, produção de ração e o Plano de Gestão Territorial e Ambiental ou PGTA. Para animar o processo nas comunidades, especificamos o tema do manejo do lixo para 2017, demanda sintonizada com o próximo encontro da Rede de Escolas Indígenas Baniwa e Koripako.

A segunda oficina veio aprimorar metodologias de pesquisas e sistematização de dados. Foram apresentados resultados dos fenômenos observados: curvas de

Ao lado Oficina dos AIMAs do rio Içana, Tunuí, Agosto de 2017.

nível de rios, ocorrências de chuva, resultados de caça e pesca, calendários agrícola, de eventos comunitários e de constelações. A releitura dos diários e a combinação das observações dos diferentes diários em uma "sistematização" foi um exercício rico em detalhes sobre os diversos temas monitorados pelos AIMAs. Cada grupo finalizou com um resumo apresentado à equipe, além da apresentação detalhada de um tema: anotações sobre suas roças; caça em diferentes paisagens; nível de rio e formas de medir elevação e descida do rio. Tais temas foram debatidos e relacionados ao conhecimento baniwa através de conversa com o Sr. Gentil e a consultas bibliográficas disponibilizadas durante a oficina.

Na oficina foi abordado um novo método de pesquisa, e o tema do manejo do lixo. Os AIMAs treinaram o uso dos tablets para pesquisas interculturais, fazendo práticas de fotos, gravação de áudio, entrevistas e digitações. Também foram respondidos os questionários sobre monitoramento ambiental e climático no assim chamado aplicativo ODK. Dando continuidade ao manejo do lixo, escolhido como tema de estudo e trabalho na primeira oficina, os AIMAs participaram de uma nova rodada de conversa em grupos sobre a situação do lixo. Em um amplo diagnóstico sobre a situação do lixo nas comunidades, eles haviam respondido a perguntas como: Quais iniciativas já foram empregadas para ter um bom manejo de lixo industrializado? Como está a situação do lixo na comunidade? Tais iniciativas deram certo, por que? Quais outras atividades propiciam um manejo do lixo? Como o/a AIMA pode ajudar? Quais outros atores importantes para ter boas práticas de manejo do lixo funcionando na comunidade? Pilhas, fraldas, latas de conserva, eletrônicos, aparelhos domésticos antigos e sacolas plásticas estão entre os produtos que precisam de melhor destino.

Outras oficinas de monitoramento ambiental e climático estão previstas para o rio Içana e Aiari, quando os AIMAs continuarão aprimorando métodos de pesquisa e monitoramento, assim como de diálogo com as comunidades e com pesquisadores não-indígenas. Deverão propor ações para melhorar o manejo do lixo nas suas comunidades e pensar em acordos que possam promover o bem viver.

Resultados preliminares: reflexões baniwa sobre as mudanças mais-que-climáticas

Durante os primeiros meses deste amplo processo de acompanhamento e monitoramento, como pesquisador pude observar e registrar vários eventos ambientais e climáticos importantes. Nesse rumo, são apresentados abaixo resultados preliminares com informações parciais do diário, e questões de destaque.

O sobrevoo das andorinhas *olioda*, em rasantes nos remansos de rios, indicam chuvas. Durante o período monitorado, observei e registrei três vezes esse fenômeno. Elas sobrevoavam no remanso perto do porto, lugar de fácil observação. Voavam em forma de círculos várias vezes, algumas chegando a contatar a superfície da água (as que tocam a superfície estão em processo de metamorfose e se transformam em peixes *toloya*, de acordo com conhecimento mitológico baniwa).[1] Dizem que quando esse fenômeno ocorre, no dia seguinte terá chuva. Essa hipótese sobre a previsão do tempo foi confirmada em todas as minhas observações. Depois que observava o fenômeno, dentro de oito a quatorze horas, chovia forte. Trata-se de uma chuva de marcar o tempo, chuva de constelação.

1 Ver Lopes da Silva (2008). Assembleia da Oibi elabora propostas para o manejo pesqueiro na Bacia do Içana. www.socioambiental.org/nsa/detalhe?id=2721

Outro registro feito no diário de anotações foi sobre a temporada das borboletas *makalo*. Quando as *makalo* atravessam da margem direita do rio para a esquerda, elas prenunciam a temporada de floração (outubro-novembro), e também a época de frutificação de várias espécies de árvores (dezembro-abril). Esse fenômeno foi observado nas duas últimas semanas de setembro e início de outubro. Simultaneamente, esse período de registro correspondeu ao início da temporada de floração das espécies de árvores *waapa* e *dzawaka* (variedades de uacu), *marakhe* (variedade de breu), *paixaro* nos rios Içana e Aiari.

O coaxar da rã *kamáa* prevê as enchentes dos rios. O fenômeno foi registrado duas vezes no mês de outubro. Quando eu descia para tomar banho no porto, ouvia o coaxar de rã – *kamáa*. Como resultado preliminar, nos dias seguintes registrei enchente do rio por três a cinco dias seguidos.

O período de setembro-novembro é considerado perigosa época de raios e trovões fortes – *eeno pekaawa heekapi*, podendo causar morte de pessoas. É quando os *Wakaaweni* estão mais ágeis soltando suas flechas *walama* (na visão dos pajés) que atingem, a partir do céu, *Eeno*, os que vivem na Terra. Época em que *Kapiwheriñai* e *Kowaiñainai*[2] em geral estão mais ativos devido ao tempo (dias mais quentes, chuvas rápidas e densas), e temporada de muitas borboletas noturnas devido o período de floração.[3] Durante os setes meses monitorados, os raios atingiram duas pessoas: um caso fatal (em setembro) e um de pessoa gravemente ferida (em janeiro), tendo desmaiado por consequência de descarga elétrica.

O estrondo dos trovões, *Maneeñainai*, é o barulho da alma do paciente de um pajé cuja ação xamânica foi malograda. Faz barulho ao ser fervida pelos *Iñaime*, habitantes do submundo ou subterrâneo, não visíveis a olho nu. É possível compreender e antecipar as intempéries climáticas, outros infortúnios e mortes, observando os fenômenos do mundo, *Hekoapi*, que são ações dos seres que habitam as diferentes camadas do mundo, segundo a visão de especialistas baniwa (ver Wright, 2014).

Também se observou, nesses primeiros meses de monitoramento ambiental e climático, alguns indícios de mudanças ambientais na paisagem. A extinção da espécie de árvore chamada regionalmente itaúba é um exemplo. Outra espécie em risco de extinção no rio Aiari é o taquari, com a possível consequência da diminuição dos animais terrestres e aquáticos que se alimentam de seus frutos. Pode-se também apontar que o regime de chuvas já não é o mesmo de anos atrás. Há ainda o surgimento de "matos" que infestam as roças, e o fato de que os raios parecem atingir as pessoas com maior frequência. Esses fatos foram registrados durante as conversas com os mais velhos daquela região e transcritos nos diários de anotação dos AIMAs.

2 Termos utilizados pelos benzedores para designar seres invisíveis a olho nu, referir-se aos *yoopinai*, as bactérias de modo geral. Outro termo utilizado para referir-se a outros grupos de insetos, como as abelhas em geral.

3 A floração atrai muitas abelhas e outros insetos durante o dia e durante a noite atrai outros insetos, diversas espécies de borboletas noturnas e morcegos. Quando as flores murcham, caem no chão com resto de néctar no ambiente úmido, com isso dá condições suficientes para outros insetos completarem seus ciclos reprodutivos, tais como pernilongos, moscas e mutucas.

Conclusões

Estes são resultados preliminares observados e registrados neste início de processo. É certo que na perspectiva baniwa o mundo é constituído de múltiplas camadas, cada uma habitada por diferentes gente-humana e agentes-mais-que-humanos. Por isso não podemos deixar de nos inquietar e questionar sobre o quê, de fato, produz as mudanças (mais-que-)climáticas na nossa paisagem. A causa antrópica como resposta, como a propósito do Antropoceno, não é de saída suficiente, posto que o mundo em seus diferentes níveis e camadas é habitado por entes e forças diferentes. Portanto, quais são, como manejar e como conviver com essa gente-humana e agentes-mais-que-humanos que produzem as mudanças (mais-que-)climáticas?

Assim se resume a pesquisa no âmbito do "monitoramento ambiental e climático", que pretende associar e subsidiar a elaboração dos planos de gestão territorial e ambiental para garantir o nosso bem viver no nosso território na bacia do rio Içana■

Referências

ACEP (Org). (2006). Kophenai Nako. São Paulo / São Gabriel da Cachoeira : ISA / OIBI / MEC.

Andrade, S; Vieira Peixoto, G.; Antogiovanni, M. (Orgs). (2008). Rio Negro, Manaus e as Mudanças no Clima. São Paulo : Instituto Socioambiental.

Arguello, Carlos e Judite Albuquerque (Orgs). (2003). Calendário Baniwa Coripaco. São Gabriel da Cachoeira: ACEP/OIBI.

Cabalzar, Aloisio (Org). (2016). Ciclos Anuais do Rio Tiquié. São Paulo / São Gabriel da Cachoeira : ISA / FOIRN.

Cardoso, Juvêncio. (2008). *Um olhar de índio baniwa sobre a mudança climática*. In: Rio Negro, Manaus e as Mudanças no Clima. In: Andrade, S; Vieira Peixoto, G.; Antogiovanni, M. (Orgs). São Paulo : Instituto Socioambiental.

Cardoso, Juvêncio. (2015). *Diálogos sobre manejo ambiental no Içana*. In: Povos Indígenas do Brasil. Beto e Fany Ricardo (Orgs). São Paulo: Instituto Socioambiental.

Dias Cabalzar, Flora (Org). (2012). Educação escolar indígena do Rio Negro. Relatos de Experiências e Lições Aprendidas. São Paulo / São Gabriel da Cachoeira: ISA / FOIRN.

Escola Indígena Eibc Pamaali, CPDEK (Orgs). (2012). O que a GENTE precisa para VIVER e estar BEM no MUNDO. Coleção Kaawhiperi Yoodzawaaka, Volume 1. São Paulo / São Gabriel da Cachoeira: ISA / ACEP / OIBI / FOIRN.

Escola Indígena Herieni do Rio Aiari (org). (2013). O que a GENTE precisa para VIVER e estar BEM no MUNDO. Coleção Kaawhiperi Yoodzawaaka, Volume 2. São Paulo / São Gabriel da Cachoeira: ISA / ACEP / OIBI / FOIRN.

Lopes da Silva, Adeilson. (2008). Assembléia da Oibi elabora propostas para o manejo pesqueiro na Bacia do Içana. www.socioambiental.org/nsa/detalhe?id=2721

OIBI (Coord). (2007). Projeto Paisagens Baniwa do Içana. Apoio Foirn / ISA.

OIBI (Coord). (2008). Projeto Kophé Koyaanale –Manejo sustentável dos peixes na bacia do Içana". Apoio Foirn / ISA/ Fiocruz Amazônia.

OIBI (Coord). (2008). *Calendário Baniwa*. In: Rio Negro, Manaus e as Mudanças no Clima. Saulo Andrade, Gustavo Vieira Peixoto e Marina Antongiovanni (Orgs).

Wright, R. (2014). *Os princípios metafísicos nos desdobramentos do Universo Hohodene*. In : Revista de @ntropologia da UFSCar R@U, 6 (1), jan./jun: 191-216. Disponível na internet. http://www.rau.ufscar.br/wp-content/uploads/2015/06/vol6n01_09_robin.pdf

NOVEMBRO
DEZEMBRO
JANEIRO
FEVEREIRO
MARÇO
ABRIL
MAIO
JUNHO
JULHO
AGOSTO
SETEMBRO
OUTUBRO
BUYA WASÚ
PARANA TIKÃGA
PARANA WASU
?

antes sabiam era pelas estrelas

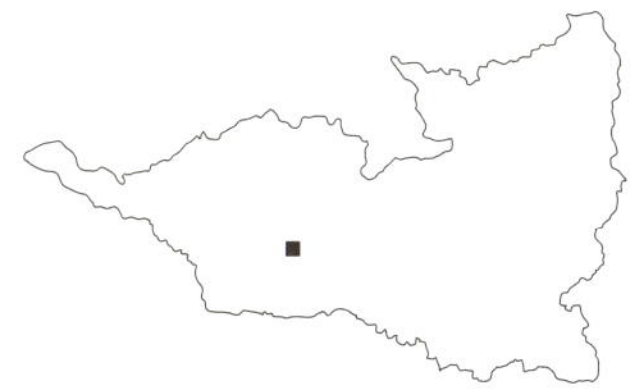

As memórias e conhecimentos do Sr Elísio integram a região de São Gabriel da Cachoeira na paisagem extensa do rio Negro. Ele fala da subida dos peixes, das cheias e verões, pequenos e grandes, das estações que se sucedem no ano nessa região...

Elísio Ferreira narração
Eliseu Mourão Ferreira e Aline Scolfaro pesquisa, redação

O senhor Elísio Ferreira, da etnia Baré e morador da comunidade Tapajós, é pai do AIMA e pesquisador Eliseu Mourão Ferreira. Em maio de 2017 senhor Elísio teve duas longas e agradáveis conversas com Eliseu, sua filha Rosinha e a antropóloga Aline Scolfaro sobre mudanças ambientais, a importância das constelações, as épocas do calendário e outras histórias. São suas as reflexões apresentadas neste texto, editado a partir dessas entrevistas.

Senhor Elísio nasceu em 1936 numa ilha chamada Cariari, pouquinho abaixo de onde hoje é a comunidade Tapajós. Na pesquisa com seu filho Eliseu, contou que seus antepassados (avô, bisavô, tataravô...) eram todos dessa área e que antes dos padres chegarem, viviam em uma maloca ao lado da comunidade Tapajós, onde hoje é o sítio Waynãbi.

Ao lado Calendário circular da região do entorno de São Gabriel da Cachoeira (*Tawa*).

Aprendizagem com pajé

Aprendi essas histórias mais com o pai da minha mãe que era Tukano; o meu avô, pai do pai, Baré, eu já não vi. Nem meu pai que também quase não conheci porque quando ele morreu eu era garotinho. O pai da minha mãe era Tukano mas falava só nheengatu, pois já era nascido nessa região.

Tem uma história...

Meu padrinho de batismo é Baré também, e aprendeu pajé. Quando nasci ele pediu para eu ser afilhado dele e minha mãe disse – Tá bom. Como ele era pajé, benzeu com aquele maracá e diz que falou – Eu pedi para ele ser meu afilhado, mas vai ser pajé como eu. E botou paricá, que é um pó de árvore, aqui no nariz. Eu cresci com ele, e quando estava com uns sete anos ele ajuntou nós, uns oito moleques, embaixo de uma sombra grande desse pé de abiu que ainda tem aqui e disse, – Já vamos cheirar paricá para aprender a ser pajé.

Diz que estava indo bem, a gente sentado aí, ele batia na frente, diz que era para não se estragar. Chegou o tempo e a gente já estava para se formar... não sei... é uma história... tem um negócio que chama *warama*, é uma doença, fura a gente. Ele meteu isso aqui [mostra as curvas entre os dedos], não sei bem como, ninguém viu. Nós todos sentados numa fileira, pintados. Mas quando finado meu pai faleceu, diz que a finada minha mãe achou que não ia dar, que ela não ia aguentar porque era para não comer comida quente e um bocado de regras, que eu ia ficar doido com tanta coisa. E a finada minha mãe pediu para tirar.

Malocas há mais de cem anos

Meu avô velho dizia que em 1901 era tudo diferente aqui na região, que hoje em dia mudou tudo. – Porque todos os velhos do antigo já faleceram, estão já os outros e agora vocês. Daqui a um tempo já vai ficar filho de vocês, os netos e assim vai indo – ele dizia.

Quando os portugueses vieram já vinham trazendo a civilização para os índios. Quando chegaram na região passando Santa Isabel, encontraram os Baré Wanauwe, a nossa etnia. Bem em Maçarabi abaixinho começava uma maloca; mais acima outra; em Maçarabi mesmo tinha outra. Depois subindo o rio já tinha outra; na região do rio Marié, Itapereira era aldeia também.

Dali vinha São Pedro e de lá até Mercês logo ali embaixo. Aciminha era a tal maloca de Trindade. E bem ali [ao lado de Tapajós] era nossa maloca grande. Lá em cima onde está a igreja [na cidade de São Gabriel], era outra ainda. Tinha muitas.

Então os portugueses chegaram e fizeram muitos sítios por aqui. Tudo comerciante forte... mas com o tempo foram se acabando tudinho, acho que os filhos não souberam segurar. Com o tempo também chegaram muitos Tukano descendo para trabalhar nos seringais lá para as bandas de Taiaçu (Santa Isabel), vinham a remo lá de cima e com a lonjura, já faziam roça aí mesmo e por aí iam ficando.

O ciclo anual no rio Negro (entorno de São Gabriel da Cachoeira)

Ao *Buya wasu* seguem os meses de verão

Hoje em dia percebo que tem uma grande diferença. Antes, começando no mês de agosto quando o rio começa a secar, chegava em setembro com o primeiro verão. Quem tinha derrubado roça já estava queimando. Fim de outubro e novembro já começava a chover a enchente de *Buya Wasu*. Nesses tempos os peixes fazem a primeira piracema. Vem dezembro ainda com pouco de inverno. Depois chega janeiro, fevereiro e março, que são meses de verão direto e o pessoal aproveita para fazer cacuri, para poder pegar os peixes que vão migrar no tempo da arribação dos peixes. Quando os cardumes de peixes migram dá para perceber que eles estão comendo no igapó. Quando o rio secava bem dava para ver muitos peixes, o pessoal cercava com pari e tinguijava os peixes com timbó. Muitos peixes estragavam, principalmente filhotinhos, no outro dia dava para ver boiando no local onde foi tinguijado. Por isso o timbó foi proibido, hoje só fazem escondido.

Dessas coisas os velhos que sabiam. Que pelo final do mês de março tem as estrelas que dizem eles – Já vão cair. *Siusi* [sete estrelas, plêiades] em dezembro está saindo daqui, [aponta a direção com a mão] e quando chega o tempo ele cai, some aqui [apontando a direção]. Aí o rio começa a encher a última enchente.

Tem a Lontra que já passou, caiu no mês de março. Depois da Lontra tem uma estrela que é o Jirau do *Siusi* ou *Ararapari* em nheengatu, ela também some daqui para julho. Parece um triangulozinho.

Também dizem que cai a estrela Tatu, que vai cavar a terra. É a água da chuva que cava, a gente vendo, mas dizem os velhos que é a estrela Tatu que caiu. – Olha como fez um buraco grande, dizem. Depois já cai Camarão e pronto, em abril o Camarão já caiu, já tem os peixes porque já tem o camarão de comida para eles.

No mês de abril começa a encher e vai até julho. Junho é o tempo de subida dos peixinhos, as piabinhas. Parece que elas dão uma volta no mundo, aí quando chega a época, passam por aqui. Antigamente, pelo dia 12 de junho dava para ver ali no paredão de pedra, lá elas encostavam para poder passar a correnteza do paredão, e dava para pegar com jequi, um aturá cheio. Hoje em dia mudou bastante, é raro ver.

Em julho também tem uma estrela que chamam de *Mirakãga*, Cabeça de Gente. Dá como visagem à noite. Diz que ele cai da fruteira e faz um barulhão que zoa em todo canto. – É a estrela *Mirakãga* que caiu –, mas vão focar para ver e ninguém vê nada. Eu nunca vi, mas quando era menino a gente ouvia o barulho, powff!!, e finada minha mãe dizia: "É *Mirakãga* que está caindo!". Diz que é perigoso a gente ver.

Mirakãga, tem a história dele

Dizem que quando a gente vê, ele é baixinho como papagaio mas com cabeça de gente e pernas. Os velhos contavam, a gente sentava atrás só ouvindo. Dizem que é perigoso *Mirakãga* vir sentar bem aqui [na depressão entre o ombro e a clavícula], que esse fundo aqui em nós é lugar dele, ele bota um pé aqui, outro aqui e pronto, a gente anda aperreado e doente. Tudo o que a gente come ele pega e come da gente, vai pegando nossa energia e a gente morre. Para espantar tem que socar pimenta bem forte e quando a gente anda ele vai pegando, tomando e se arde todo, a gente fica sofrendo também junto com ele por causa da pimenta! Quando ele não aguenta mais, vai pedindo água e tudo mais; de repente ele se larga e vai embora. Some, porque já passou o tempo dele. Essa é a história dos velhos. Eu perguntava deles – Mas como é que vocês aprenderam? e eles diziam – Os antigos que falam, isso já veio desde o começo do mundo.

Repiquete de agosto

O repiquete de agosto é a enchente Água de Pescada. Umas estrelazinhas bem miudinhas diz que somem e a gente já sabe: "agora vai chegar pescada!". Elas começam a subir em agosto, setembro, outubro. Por novembro acaba, já passaram tudo. Naquele tempo dava muita.

Em nheengatu é chamada *Uatukupa Yukise*. *Uatukupa* quer dizer pescada e *yukise* é caldo, água de pescada. Nesse tempo o rio está enchendo um pouquinho. Quando baixa, pegava muito! Tem um lugar bem aí na ponta, outro bem ali, e tem uma laje grande onde o pessoal senta carreira e, chegada a hora [da subida delas], cada qual pesca quinze, vinte, trinta pescadas. Aí para de pegar aqui e já começa pegar por aquele poço. Esse poço é casa da mãe dos peixes, *Uatukupa renda* é "lugar de pescada", por isso que eles se ajuntam aí.

Visão geral: inverno pequeno (*Buya wasu*), verão grande (*Kurasiara wasu*), inverno grande (*Paraná wasu*), verão pequeno (*Kurasiara koairãtu*)

A gente fala de verão grande *kurasiara wasu*, e *kurasiara koairãtu* de verão pequeno que dá no mês de setembro. Inverno longo ou tempo de chuva quer dizer que já vai começar o rio grande, *awãte yupiru paraná wasu* (*paraná wasu* é rio grande). O inverno mais curto *Buya Wasu*, vem quando a estrela cobra grande cai ou some no horizonte.

No tempo do verão *kurasiara* dizem os velhos:

– *Paraná tikãga retana!* agora rio secou demais! Já para o tempo do verão fala: *Kurasiara yãde kuíri!* – Já vai dar verão! Ou seja, já é chegado o tempo do verão. A gente perguntava – Mas por que?

– *Remaã mame kurasi ia!* – Veja aonde está a estrela, Tatu, Camarão – iam dizendo os nomes. E quando vai dar verãozinho diziam: – *Usu meʉ kurasiara!* "Quando esse está por aqui vai dar verãozinho."

Tem o Cruzeiro do Sul, *Kurusá*, que em nheengatu é cruz, uma cruz grande que fica nesse lado [apontando a direção com a mão]. Quando está mais alto é que vai dar *Kurasiara* [verão]. Quando ele sobe dizem – *Aperamʉ ku*. Quando está baixo, ainda tem chuva.

É engraçado. Tem uma lista grande de estrelas miudinhas embaixo dessa cruz que chamam 'caminho de Santiago'. Para nós Santiago é santo, mas para os velhos é o Urubu que vive nas nuvens, e quando fica largo é sinal de que vai dar muito verão: – Ô meus irmãos, esse ano vai ter muito verão! E o outro respondia: – Tá bom! Então já vou roçar [derrubar roça nova]! E todo mundo ficava alegre! Se estrelazinhas chegam, miudinhas e estreitozinho dizem, – Poxa, agora não vai dar verão para nós não. Eu dizia, Mas por quê? – É que a lista das estrelas está estreita demais.

Marcação do tempo

Eu cheguei a ver, a gente tinha uma placa de madeira preta, acho que de akiurana. Ela contém cem buraquinhos e tem ali três palitos em pé. Aí por exemplo, começou em janeiro, tudo é para um mês de trinta ou trinta e um dias, e marca o dia em que estamos com o palito. Dizem que dava certinho com o calendário dos padres.

Meu avô dizia que esse sistema já era do pai dele. Deve ser os que vieram civilizando que ensinaram. Era só mudar o palitozinho de buraco e pronto, colocava *murakipi* (segunda-feira) embaixo e os outros palitos iam acompanhando: *muraki mukuĩ* (terça-feira), *muraki musapíri* (quarta-feira), *supapao* (quinta-feira), *yukuaku* (sexta-feira), *sauru* (sábado), *mituo* (domingo), dava uma semana. Iam marcando com palitozinho, aí de novo era outra semana... até que acaba um mês e passava no outro mês. Mas esse aí meu irmãozinho deixou queimar, queimou foi tudo, esse calendário se acabou...

Antes sabiam era pelas estrelas, que quando tal estrela estava caindo ia dar verão e já iam queimar roça. Também marcavam o dia pelo sol. –Vai dar sete horas!, viam e falavam. Meu irmãozinho Guiri era mais levado, dizia: – Vovô, você está falando à toa, não temos relógio, só *kariwa* (os brancos) que tem! Vovô falava: – Vocês não sabem contar no relógio, por isso a gente marca no sol mesmo. Lembro da gente garoto querendo voltar da roça apressando a finada mamãe: "Mãe, já é meio dia!". E ela ralhava a gente, porque ainda era mais cedo!

Nas páginas anteriores Rio Negro seco no porto Queiroz de São Gabriel da Cachoeira, em fevereiro de 2016.

Grande seca de 1926

Meu avô contava que em 1912 e 1926 teve duas grandes secas aqui no rio Negro. A medição do nível do rio ficava bem ali onde atualmente está a casa da Marinha em São Gabriel. Quem tomava conta era um salesiano chamado Seu Pedro Toniol. Quem contou essa história para mim foi o pai da minha mãe.

Ele contava que nesse ano de 1926 foram para o seringal em Taiaçú [região de Santa Isabel]. Lá começaram a trabalhar borracha, tinha muita produção, muita gente. Aí começou o tempo de seca, a cada dia o rio secando mais que de costume, secou tanto que sobrou só o fio do canal. Com o sol muito quente e água pouca, a água esquentou um metro pra baixo, para poder tirar água fria tinha que mergulhar lá embaixo, e era água muito suja. Meu avô contou que o rio passou trinta dias secando assim, até que sobrou só praia e pedra.

Todos da freguesia tiveram que se ajuntar nos barracões grandes em quatro lugares, era muita gente e muita seca, ninguém mais sabia por onde o rio corria. Para tirar água era trezentos metros de distância da barraca. Não podia navegar barco, só canoa, arrastada. Aí veio um rapaz e disse que no dia 1º de abril (ou será março? não me lembro bem agora), mas ele disse que nesse dia ia começar a escurecer, ele falou: – Vai ser o fim do mundo, aí nós temos que se ajuntar todos em um lugar só. Não sei por onde foi, mas eles se juntaram todos, muita gente. E começou a escurecer mesmo e veio temporal. Dizem que a areia das praias subiu não sei quantos metros de altura e a poeira se espalhou por todo canto. Choveu dois dias sem parar. Todos achando que era o fim do mundo. Aí encheu igarapé e começou a chegar água, mas era só sujeira. Ninguém podia beber nem banhar, restava só sujeira e bicho morto: todos os lagos que tinham peixes, peixe-boi, pirarucu, todos morreram. No terceiro dia o temporal passou, o dia clareou e pronto. O mundo não acabou, só foi um medo danado. Os peixes dos rios grandes conseguiram sobreviver lá no fundo do canal. E os trabalhadores já subiram pescando, moqueando e salgando os peixes. Dizem que de lá [Taiaçu] para cá são quase dois meses subindo o rio a remo. Teve muita doença nesse tempo, era só sarampo.

Os velhos disseram que depois de tudo o que aconteceu nunca mais ia dar outra seca dessa. Realmente nunca mais teve uma como naquele tempo. Aqui mesmo, de São Gabriel até Camanaus, dava para ouvir o barulho da água secando muito. Tem uma parte que fecha o canal e não dá para navegar. Mas nunca mais secou desse jeito.

Em 1950 por aí até 1960 acho que foram secas grandes, lembro de ver. Mas de lá para cá começou a mudar, era muita chuva e não dava mais seca como costumava. Tempo de dar um verãozinho, vinha só chuva. Assim foi indo. De uns sete anos para cá é muito mais, o rio nunca mais secou bem. No ano retrasado (2015) secou um pouco sim, rapidinho e no outro dia o rio já estava subindo de novo.

Essa falta de verão mais intenso atrapalha um pouco, o verão não vem e a dificuldade é não conseguir queimar roça. Na derrubada também atrapalha. Na pesca até que não muda muito, porque a gente sempre fala que no tempo de seca o peixe deveria aparecer mais. Mas eles somem, e não comem mais a isca quando a gente pesca, estão tudo amontoado e arisco porque a água está quente em cima, e ele só faz boiar e afunda; acho que os peixes não comem mais devido à quentura da água. Nesses últimos três anos que o rio secou um pouquinho, a gente via que com a água mais ou menos dessa fundura, fica quente e os peixes se concentram na parte mais profunda do rio: e a gente, pescando, não pega nada.

Abaixo Rio Negro seco no remanso da cachoeira, bairro da Praia, São Gabriel da Cachoeira, em fevereiro de 2016.

O aquecimento

Agora está muito mais quente! Naquela época a gente podia ficar sem camisa, aguentar desde oito da manhã até três horas da tarde sem sentir tanta sede, e o chão não esquentava muito. Hoje ao meio dia o pé da gente não aguenta mesmo com sandália. Naquela época nem existia sandália, era tudo descalço, alguns que usavam tamanco feito de madeira e couro no tempo de festa. Hoje a gente não aguenta, a pele não aguenta; e querendo aguentar a gente sente uma coisa diferente no corpo, parece que vai dar febre, uma quentura, faz de conta que a gente está perto de uma fogueira grande!

O horário certo para voltar da roça quando a gente era criança era duas e meia a três da tarde, agora acho que no máximo a gente fica até meio dia. Às vezes nove e meia ou dez horas a gente já não aguenta mais! Essa quentura para mim está com uns quinze anos. Acho que foi por aí que pessoal já começou a reclamar mais. Porque antes, quando esquentava assim, não era todo dia e todo o tempo. Quando eles percebiam aquela quentura diferente e que arde diziam,

Hoje vai chover!

É *semu*, isso que eu estou sentindo e percebendo! E o outro velho respondia:

É, meu couro está ardendo!

Era porque ia chover. Dali para tarde vinha aquele temporalzinho, e eles iam tirando a dúvida deles.

O meu avô, quando a gente perguntava dele que altura a lua ficava, ele dizia que só Deus sabia: *Añu Tupãna yuaca umuñasara ukuá!* Só ele que sabe porque ele que fez o mundo. Dizem que antes da chuva o sol baixa um pouco, por isso que queima o couro da gente, e eles sabem que vai chover. No tempo em que o sol está lá em cima e as nuvens embaixo, atrapalha a quentura.

E tem tempo em que falam:

– Poxa, agora sim, vai ficar muito quente! E outro pergunta:

– Mas como vai ser, vai ser quente bom ou é como o tempo do verão?

– Já vai dar como tempo do verão quatro dias, cinco dias. Outro falava:

– Essa estrela ali, dizem que está marcando para o verão. Aí um perguntava:

– Qual é [a estrela] *semu*?, e ele apontava.

Mas a gente, menino, não via nada, só um bocado de estrela, e perguntava:

– Tá, mas quem ensinou vocês? E eles só faziam dizer:

– Para que vocês querem saber? Vocês vão saber quando ficarem velhos!

– Mas quem vai ensinar nós? – meu irmãozinho dizia – o senhor vai morrer!

– Tu quer que eu morra logo?, meu avô ralhava, só pra gente parar de perguntar.

Peixes

Antigamente a gente focava os peixes com lamparina, rapidinho conseguia um aturá cheio. Às vezes trocava peixes com sabão, mas na verdade pescava só para o consumo mesmo. Depois foram aparecendo outros meios de fazer pescaria, de atacar os peixes. As malhadeiras de todo canto, de 60, 30 e 20 metros. Também mergulham de dia e de noite. E apareceram as coisas que eu não cheguei a fazer. Caça também tinha muito, eu caçava pacas, cutias, veados, queixadas e outros. Antigamente a gente morava para lá, naquela ilha [Ilha de Acará], e caçava pra esse lado aqui.

Peixes e seus donos

Dizem que tem mãe dos peixes em todo lugar, a mãe do peixe é pedra. Quando a pessoa passa perto ela cresce e ataca, vira cobra e ataca a pessoa. Meu avô, que era Tukano, dizia que uma vez trouxe uma pedra lá do rio Wariaú, que contaram para ele que era a mãe do tucunaré. Falaram:

– Essa aqui é boa, leva essa pedra, amarra bem e leva para você colocar dentro do seu cacuri, aí nunca vão faltar tucunarés no seu cacuri. Meu avô trouxe, preparou seu cacuri e colocou a pedra bem amarrada no esteio. Quando chegou o tempo foi ver seu cacuri. Foi arreando para mergulhar, quando um tucunaré que estava lá dentro cresceu desse tamanho e quase que engole ele. Disseram que foi a pedra que ele trouxe que se transformou num grande tucunaré. Eles tiraram a pedra e jogaram fora.

Ali no centro tem um poço grande onde pega muito peixe, onde eles mergulham e tinguijam. Quando de repente começa um estrondo grande, dizem que é a mãe dos peixes fechando a porta da casa. Então ali só morrem peixes que ficaram de fora da casa, só matrinxã. Dizem que aí é a Casa dos Matrinxã.

Agora por aqui pararam um pouco de tinguijar. Antes jogavam veneno no rio grande e contaminava tudo. Eu falo:

– Isso não é para jogar de qualquer jeito não, é veneno.

Os antigos respeitavam. Nossa geração respeitava ainda mais, porque nossos pais colocavam medo. Para nós é para pescar só até certa hora, não precisa passar o dia todo. Pega um pouco e já está bom. Mas outros hoje passam tempo pescando, fazem aqueles moqueados de três a quatro paneiros. Acho que levam para os parentes.

Dizem que às vezes o dono da casa dá sinal quando os pescadores estão todo dia lá pescando. Lá embaixo naquele poço, eles pescavam muito, pessoal não saía mais de lá. Uma vez zoou lá no fundo, então o pessoal já sabia que tinha que parar um pouco de pescar. Aí o outro falou:

– Ah, parar como!? Eu queria é matar mais, aproveitar meu tempo – e tal. Diz que quando chegou lá boiou uma onça grande, que disseram ser onça do fundo, mãe do lugar. Por isso ninguém fica até fim da tarde. Certa hora volta porque não precisa pegar mais, e já estão brincando no terreiro, os velhos já jantaram e estão conversando a história, um conta uma, outro conta outra, outro outra, do curupira, da onça.

Hoje em dia os moradores dessa área não sabem dessas coisas porque são muito novos aqui, uns com no máximo dez ou vinte anos que chegaram. Quase não pescam, nem sabem o que tem em certos lugares, porque para pescar precisa conhecer. Os que pescam são poucos.

Para pessoas de outras regiões, do Uaupés, do Tiquié que chegam mais recentemente para morar nessa área, de vez em quando diz que o Curupira faz barulho no mato. Então eles mandam o Curupira comer ipadu, ficar usando lá dentro da casa dele onde ele fica preso e não sai mais. Dizem que fecha tudinho, porque Curupira é o dono do mato e seus xerimbabos é que tomam conta dos porcos e dos animais. Eles fecham tudo e a caça some por completo... ■

ele próprio dentro de si, não tem mais o tempo certo do passado

Os ciclos no passado e hoje no médio rio Negro: *Buya Wasu*, crescida e descida sem pressa do rio, piracemas, casas de festa e reprodução... então a gente olha essa fase hoje de mudança

Leôncio Neli Bosco narração
Feliciano Lana ilustrações
Thaissa Sobreiro transcrição

□No passado tinha uma primavera de julho a setembro. Era uma seca assim contínua. Ela determinava, começava e ia até chegar o tempo do verão mesmo, ela não tinha aquela pressa de descer pra depois voltar, tinha uma seca contínua que vai devagar, devagar – no passado, estou falando pra lá. E chega determinados meses que são, vamos dizer, os meses favorecidos do verão, setembro, outubro, novembro, dezembro até em janeiro, eu já vi aqui até em abril.

No passado, em dezembro pra meados de janeiro tinha o tal *Buya Wasu* que vinha nesse período, era um controle de Deus. Nesse período *Buya Wasu*, a gente notava que no passado já tinha a primeira remessa dos peixes que já foram gerados primeiro, eles já descarregavam nessa época, para não endurecer ou então jogar como hoje, coitado, não sei por onde estão, pelo cipoal, sei lá... Tinha uma data exata, certa pra eles, pra primeira remessa. A última remessa seria em março, que é a piracema grande, a última. Aí já vão desovar e fazer uma festona de todos os peixes, cada qual no seu tempo.

Isso que eu digo. No passado eles tinham seus lugares, nós por exemplo temos aqui esse centro [comunitário], e os peixes têm seu local de piracema.

Então muitas das vezes o ser humano acaba estragando a casa onde os peixes festejam. É o mesmo com o tabuleiro pro bicho de casco, já começam a deixar tudo por ali, lata de Skol, plástico, fazem fogo e eles acabam abandonando, vão migrar pra outra região onde não tá sendo dessa forma.

Então a gente olha essa fase hoje de mudança. No passado não tinha essas pirâmides [referindo-se aos vários repiquetes que apareciam no gráfico da cota anual do rio para Santa Isabel], essas quedas. Não. Eles tinham uma descida exata. Com o decorrer desse tempo novo, de tudo que tá mudado, ninguém sabe mais, e o peixe coitado já faz piracema. Em cima do que acontece com os peixes, eu vejo que eles procuram um meio de não serem pegos, como um socó na beira, ou como a gente já viu lá pra cima piracema à noite! É uma mudança, né? Que ele próprio, dentro de si, não tem mais o tempo certo do passado. É tudo atrapalhado por causa da água. Porque o peixe tá controlado e a ova dele também é conforme a água.

O cardinal é assim, na primeira enchente ela vai lá no campo, vai desovar lá na campina e deixa o filhinho lá. Algumas mães trazem, mas outras morrem. Então aquele peixinho, conforme vem descendo ele também tem uma posição, vem acompanhando a água conforme ela vem. Tem a classe miúda, média e graúda. Esses miúdos vêm lá no raso, o médio vem mais na profundidade, o graúdo já está na frente. Essa forma que eu vejo dos peixinhos. Aquelezinho que está descendo, ele vai esperar para ter o crescimento: vai esperar uma subida d'água, essa subida d'água que dá onde ele nasceu, e que ele cresce. Enquanto esse grande que já está lá no meio, alguns vão voltar de novo pra levar outra reprodução lá, de novo. Na ciência da natureza, o peixe cardinal ninguém nem sabe qual é a fêmea e qual é o macho, mas a água se encarrega de fazer o que é a reprodução. Então é uma forma da questão da natureza perfeita. Esse estudo é bom pra ter esse diálogo, essa conversa de informação. A gente vê hoje livros, pensamentos colocados dentro dessa ação de descobrir a fase, o tempo e tudo. Mas é importante.

Essa é do peixe. Eu quero falar um pouquinho também da migração. Ela é uma mudança, né? Por exemplo, nós tínhamos ali um lugar onde os peixes convivem. Ele tem mãe, né? No passado ninguém mexia naquele lugar porque lá existia a mãe dele, a mãe natureza. Era um toro de pau que tinha mas, com a exploração do humano e até eu mesmo, quando a gente já aprendeu coisa diferente do passado...

Sr Leôncio Neli Bosco.

Para as coisas estarem desse jeito, cada mudança é boa e ruim. As coisas que foram colocadas antes estavam bem organizadinhas. Se hoje está assim, quem tem culpa? Acho que tem um ser que não tem culpa, porque ele deixou tudo bom, tudo perfeito. Nós que não soubemos administrar ou respeitar aqueles locais. Porque eu sei, ele sabe, mas outros não sabem. Na nossa região nós temos aqui nossa área, um patrimônio onde essa população tira todo dia. Mas eles sabem como tirar, sabem como pescar, eles sabem o tamanho que eles querem. Mas outros, eles fazem as pescarias deles e usam outro tipo. Não usam a meta porque tiram o que querem...

Hoje com o tempo dessa forma, nós mesmos acabamos descontrolando essas formas boas que a gente tinha no passado. Eu quero falar de migração. Lá no rio Solimões tem uma reserva por nome Mamirauá, preservada lá. Um dia saiu uma irapuca que migrou e veio bater aqui. Como a gente sabia que era de lá? No casco tem um negócio que eles colocam, uma referência de onde ele era, de onde que ele migrou. Mas aqui pegaram e já não deixaram ele ir. Eu vejo no estudo, que o rio é um caminho dos bichos. Se eles estão mexendo na casa dos bichos, eles vão querer procurar solução. Quem é que vai querer esperar a morte?

Sobre as caças, no tempo em que nós fomos lá no pelo mato, curumim disse, – Nós vamos matar porco pra nós. Quando foi dez horas chegaram quatro queixadas lá. Aqueles porcos também passaram por aqui, e matavam nadando, caçando. Eles sentiram que não encontraram lugar onde podiam fazer morada, porque eles estão sendo muito perseguidos. Então também eles mudam de território.

Hoje a gente vê esse monte de papel. No passado nossos avós não tinham não. Ainda cheguei a ver um pouquinho. Eu tenho essa lembrança, eu guardei. Até hoje quando a gente estuda eu falo pro parente, – A técnica do branco é bom mas ele demora mais, eu vou na técnica dos meus pais mesmo, como me criaram. Não vou dizer que não é bom. Eles faziam roda no terreiro e mostravam as estrelas. Quando ia cair alguma estrela, ia cair algum Buiaçu,

Tatu, ele estava dizendo que está se aproximando o quê? A enchente. Esses são os sinais que em vez de estar no calendário, estão lá em cima. Ele tem uma visão de conhecimento. Quem foi que ensinou ele? Foi aquele que veio primeiro. E quem veio primeiro? Foi Deus que deu os dons pra ele. Então a gente vê essa forma, aqui no mato, a gente observando bem.

Agora não, agora tem uma mangueira aqui que tinha pra mais de 20 anos que não carregava. De repente ela se tornou nova, trocou as folhas pelo meio dos galhos e quando fui olhar lá, tinha manga pelos galhos. Caiu a primeira remessa em 2015 e em 2016 carregou de novo. Mas não é o tempo dela carregar. Ela perdeu o equilíbrio dela. Sempre no mês de maio a gente já sabia que tinha as frutas, tinha açaí, patauá, ucuqui, piquiá. Essas frutas do tempo de maio, junho, que a gente já sabia aquele mês que dava e agora, tem ano que ele não carrega mais. Tem buriti na beira do rio que também perdeu tudo. Eu vejo esse estudo importante pra você ver o que que traz agora essa queda de ter uma organização novamente. Donde também eles se alimentam. Quem sofre somos nós, os animais e os peixes. Porque eles vivem em conformidade, tem alguém que cuida deles também. Não deixa eles morrerem.

Mas a gente vê que a natureza baixou muito. Eu tenho observado macaco nessas capoeiras em busca de frutas, e não tem na época certa. Tucumã também não. Bichinhos que tão com fome mordendo branco mesmo [tucumã ainda verde]. A gente olha e com essa mudança a gente vê muita coisa. Quando é tempo de buriti – quando ainda dava – o peixe aracu, o peito dele chegava a estar tudo gordo. Agora enche e depois da piracema, coitado, ele vai ficar assim [magro].

Todas as coisas mudaram do passado. Nós temos aqui um minhocal grande. Por causa desse verão, nós mesmos ou outras pessoas destroem as coisas que Deus tem feito e controlado certo. Onde o peixe subia, ali mesmo o fogo foi, essa queimada daqui varou lá [longe]. Ainda bem que não pegou no minhocal que estão tirando agora. Se tirasse de nós, a gente tinha que ir buscar longe né? Então vejo essas coisas todas mudadas mesmo. Percebendo a natureza a gente vê uma mudança muito grande. As caças que a gente olha, acho que ela migra também, foge, vai pra outro canto e a gente vê tudo isso.

Agora queria falar um pouco só de pessoas humanas né? No passado eu me criei muito diferente de hoje. Ninguém tinha mesa, naquele terreiro ali tinha esteira. Toda manhã tinha mingau, mas aí dentro não tinha leite, não tinha Nescau, nem bolacha. Mas tinha o que a gente plantava da terra, batata, macaxeira, cará, tudo no tempo tinha. No tempo de ovos, a gente comia no mingau de banana. Nossas típicas comidazinhas, tinha muito. Tinha também verdura. Tinha maniuara, caruru. Açaí tinha demais.

Eu vejo esses parentes que agora chegaram aqui, os Baniwa que nasceram lá ainda dentro da região deles. Eles têm aquela cultura deles. Mas o que já nasceu aqui já tem a cultura desse lugar aqui. Eu vejo dessa forma essa troca de mudança, eu vejo o que nós perdemos hoje com essas coisas. Curumim chora porque não tem [comida industrializada].

A enfermeira respondeu nossa pergunta, – Por que hoje dá muito essas doenças? Ela respondeu –Porque todo alimento é industrializado. E acaba que a gente índio sente gostoso, mas quando a gente come constante ele já dá o troco. – Por que no passado não tinha tanta doença que agrava demais como hoje? Hoje tem remédio, tem um postinho e dentro tem uma pessoa que é enfermeiro. No passado ninguém tinha. Tinha do mato os remédios que tão lá, mas a partir que a gente desenvolveu ele já se tornou um pouco diferente. Ontem mesmo eu estava com alergia, meu couro tava queimado e minha esposa disse – Eu vou passar sal em ti. Eu disse – Sapo é outro, né?

Esse conhecimento de remédios tradicionais nossos que a gente deixa. Eu sei mas não faço. Ainda lembro mas não faço. A gente vai diminuindo essa coisa que a gente tinha dentro da nossa cultura, que seja nosso mesmo, pra trocar com um diferente que você não vai se dar bem ou se acostumar. Muito estudo hoje que eu acompanho.

Essa mudança afeta tudo, os bichinhos, os animais. Tem uns bichinhos aqui que estão morrendo. No passado nossos cachorros caçavam e hoje não caçam mais. No nosso costume indígena, no passado tinha obediência à regra em casa, no terreiro, em todo canto. Hoje tem a escola, professores, e essa questão de aprendizado mudou. Do passado o aluno que se criou com mãe analfabeta sabia entrar, dar as horas, tirar benção e obedecer a ordem de casa. Se o grandinho não vai pra roça, – Tu fica aqui cuidando dos seus irmãos e faz isso aqui. Se não fizer tem castigo. Isso tinha. Agora...pode ir e não vai. Se você não faz ele ir pequeno, quando grande pior. Então uma mudança que eu vejo que não está complicando o pai, vai complicar ele e a família dele lá pro futuro, vai ser mais difícil ainda.

Quem acaba sofrendo mais com essas mudanças constantes é o peixe, né? Vocês sabiam que o peixe também adoece? Ele é o primeiro a saber que o rio vai descer. Ele se adoece, ele não vai comer. O que dá nele? Cigarra, tipo uma doença na garganta. Mandubé nem água entra, o bucho fica assim na porta, e ele sente e não vai querer comer porque tem aquele negócio. Passando três quatro cinco dias, desmancha, aí ele vai comer. Mas logo mais já vem a seca. Você percebe, porque o peixe dá sinal na linha pra vocês. Eu sei se vai encher ou vai secar [*pela linha*], porque o peixe está com nojo da isca e só faz bater, ele quer comer mas não quer, com raiva, ele está com enjoo, como quando você toma assim um caxiri. Depois que você embriaga, não tem vontade de comer, só de aguazinha, né? Assim acho que *o peixe* também sente. Passado aquele mal, aí sim ele já vai comer grande. Assim o peixe também nessas fases do rio. No passado também os peixes lisos subiam muito e agora se eles sobem, já tem coisas que os impedem de passar né? Não tem mais como ele passar [está se referindo a apetrechos de pesca mais modernos]. Pirarara antigamente pegava bem, de espera, agora para pegar um tem que já inventar moda.

No passado também, os velhos eram preparados. Como hoje, tem motor né? Motor, o bem preparado aguenta. Esses curumins de agora não aguentam. Eles são mais lentos. São Toyama [marca barata de motor]. Já não vão resistir à potência do *cuximauara*. Eu tenho netos que vão me ajudar. Quando voltam não querem mais ajudar não. – Vovô, minha mão, já está tudo calo. Aí ele acha que aquilo não vale. Antigo não, courozinho sajica [a pele é grossa, tem calos]. Cunhatã é do mesmo jeito, algumas se interessam, outras não querem fazer nada. Se tiver esse aqui [celular], fica direto lá. Mas é muito importante, é muito bom lembrar, ver, acompanhar esses tempos. E muito bom cada área trazer e poder ter uma demonstração registrada no livro■

cada estrela que cai no inverno, ela tem esse prestígio de arribar peixe e peixe faz piracema

Mundando-se de uma região de cachoeiras para uma de estirões e igapós, como é a área de Barcelos, Sr Américo compara o alto ao baixo rio Negro, seus modos de vida, de manejo e trabalho, interpretando uma realidade pela outra, revelando seu saber

Américo Agostinho **narração**
Cleidinaldo Santos transcrição

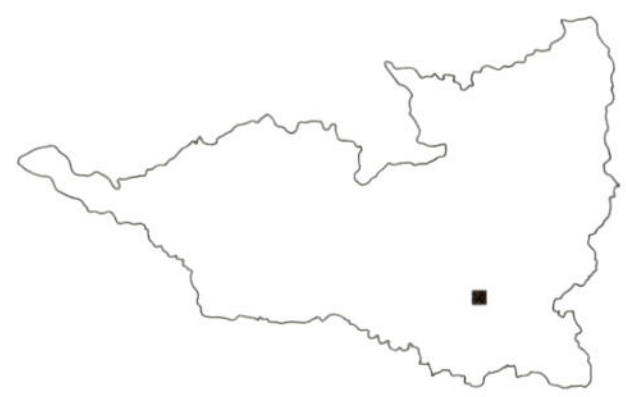

No início quando eu vim, ou antes de eu vir pra cá sou lá do rio Caiari – uma cachoeira chamada Ipanoré; da comunidade Pino-Pino, nome cultural, hoje chamada São Braz e que fica em frente de Urubuquara. Eu sou de lá, meus pais e meus avós são todos de lá onde hoje vive muita gente, meus sobrinhos, netos, muita gente vive no São Braz que é o Pino-Pino.

Eu vim embora pra Barcelos. É, eu vim, comecei a debandar dos meus parentes. Por isso eu estava contando com língua tukano que eu vim embora; porque eu sou tariano – eu comecei a dizer – e não sei falar minha língua, perdi minha língua. Eu nasci e me criei depois que meus pais e meus avós – esses que sabiam falar a língua tariano – morreram todos. Eu nasci depois deles então eu não consegui. Também aí avançou civilização e tempo de missionários, fomos pro colégio e já aprendemos a falar um pouco de português, isso que eu estava contando. Por isso que me apresento assim, dizendo que sou tariano mas falo tukano. Não tá certo, né? Porque se eu fosse dizer que eu sou tariano, poderia falar com minha língua tariano. Então costumo pedir desculpas, né? Pois foi assim que aconteceu, nós perdemos nossa língua, nossa gíria e a gente já aprendeu a falar muito tukano. Isso que eu estava falando explicando pra vocês.

Eu estava contando também que desde 1970 eu cheguei aqui em Barcelos como migrante. Fiz família pra cá mesmo, construí minha família. Até hoje graças a Deus com 75 anos de idade estou vivo por aqui ainda. Depois falei que eu sou tariano Komandena, uma das tribos dos tarianos, sou Komandena. Isso que eu estava dizendo em tukano, mas vou começar a contar histórias com português. Pois vou começar como era antigamente.

A história tem comparação como nós, as pessoas que moram na minha área... porque lá na minha área onde morava é cachoeira e é uma convivência diferente desse estirão que não tem cachoeira. Então eu me acostumei a viver de duas maneiras de pescaria, duas maneiras de estação também diferentes. Como nas cachoeiras é diferente e outra estação no rio é diferente também, eu aprendi duas coisas na minha vida.

Na cachoeira, antes da enchente nossos avós já sabem pela estrela que é essa estrela de Sete Estrelas que começa a sair assim na nascente mais ou menos a uns dois palmos de altura; quando a Sete Estrelas tá aí os velhos diziam – Já vai começar o inverno, porque Sete Estrelas já apareceu, então é tempo de vocês tirarem madeira pra fazer cacuri – isso que nos diziam. E a gente fazia a primeira coisa que a gente pode fazer: matapi pra pegar muitas piabas que arribam, que sobem, que a gente começa a pegar no inverno; é assim. Do meio para o fim. Essa é uma maneira de vida na cachoeira.

Agora eu vou contar pra vocês também o outro, porque eu falei que sei de dois sistemas. O outro é na margem, no rio que não tem cachoeira e só tem igapó, só tem praia; é um pouco diferente porque aí eles já vão descobrir onde que tem minhoca, em qual igapó que tá bom, porque pra lá eles sabem pra onde que tem, e vão pescar de noite. A maioria das pescarias nas comunidades é de noite porquê de dia a gente trabalha.

Sempre existiu trabalho comunitário. Na época também, no tempo dos meus tios que eram tukano chefes de lá eles trabalhavam assim, já falavam de ajudar um ao outro fazer roça. Então quando a gente era mais novo a gente era pescador da comunidade. O finado meu tio era capitão lá, ele era analfabeto mas era um velho muito sabido que trabalhava assim. Porque a gente era onze famílias e a maioria ia trabalhar na roça, quer dizer, todos iam trabalhar na roçagem, na plantagem, na capina. Quando fosse sexta-feira ele mandava pescar à noite, porque ele fazia sempre festa dia de sábado. Ele dizia que quando ele manda trabalhar assim com intenção de agradar alguma coisa, quer dizer que se ele não tem nada pra oferecer, pelo menos ele oferece

Ao lado Pesca com jequi na cachoeira Caruru, alto Tiquié.

uma festa dia de sábado com uma bebedeira e muita comida. Como estou dizendo, a gente ia pescar a noite todinha e trazia muito peixe; ele pegava esse peixe e dividia pra cada casa, um pouco pra cada um em cada casa, em cada família, que é pra todo mundo participar. Era assim que ele fazia e eu aprendi muito com ele como a gente trabalha.

Ele também conhecia quando o peixe vai arribar e quando as frutas vão amadurecer, no caso: umari, pupunha, ingá, quando os peixes estão gordos, que mês. Não estou sabendo explicar que mês, sei que é no início do inverno, mês de abril, maio, junho, todo esse tempo. E ele sabia também pela chuva, pelo trovão que dava assim de madrugada ou na boca da noite, ele dizia que *estão* chegando peixes de piracema, porque lá no pedral peixe faz piracema no início do inverno, aracú branco que chamam. Dá um estrondo, um trovão; eles escutam trovão e já entendem e dizem: está chegando aracú, escuta aí, amanhã ou depois vão fazer piracema; vocês preparam puçá que é pra justamente pegar peixe na piracema. Essas coisas que eles faziam, essa sabedoria que eles ensinavam pra nós. Também sabem pela chuva, essa que cai três da madrugada não é uma chuva à toa, essa é da constelação: às vezes essa estrela grande chama-se Sete Estrelas, Cabo de Enxada, Sepultura de Tamacoaré, Jirau de Peixe, Jararaca, Corpo da Onça, Cabeça da Onça, Rabo da Onça, tudo isso é nome das estrelas. A gente vê essa estrela grande; quando a gente mora no interior, a gente sai fora e vê qual estrela sai primeiro. Essas estrelas saem por hora, uma sai boca da noite, outra sai meia noite, três, quatro, então

quando essa estrela grande tá em três horas da madrugada mais ou menos, eles já sabem bem qual estrela grande vai cair – É Cabo de Enxó, uma estrela grande que vai cair. Então eles já sabem que é pra gente preparar e fazer cacuri ou matapi no igapó. Na margem do rio que não tem cachoeira a gente não usa matapi de guerra, matapi de guerra é um matapi grande e redondo que serve só pra cachoeira, que a gente tem que botar na correnteza. Nesse matapi de guerra só entra os peixes que sobem, eles colocam a favor da água, é assim que funciona. Agora na margem do rio só serve esse matapi de corneta, a gente coloca esse contra a água, quer dizer que só entra peixe que desce; tudo isso aí finado titio ensinava pra nós, fazer matapi e colocar.

Também tem a dieta, que essas coisas têm também seus mistérios e temos que acreditar nessas coisas, a gente não pode comer coisa quente quando tá trabalhando ou fazendo matapi. Logo quando tá começando a tirar cipó, a gente já começa a comportar a dieta, não pode se assustar, não pode fazer (matapi) perto das crianças. Ele tem que ficar isolado, porque essas coisas, se a gente não fizer assim, então todo o trabalho que a gente fez no matapi... ele fica panema, ele fica azarado, ele não pega peixe. Costumamos perguntar – Como que o peixe sabe? – Isso ninguém sabe, é a natureza. Porque peixe na parte dele, é um ser vivo que sabe onde tem armadilha, ele sabe. Ele também sabe quando o cacuri tá mal feito e peixe não entra. Quando ele chega perto, ele pula pra traz e vai embora. Por causa disso finado titio recomendava – Faz direito, não vai voltar cedo não; e quando você voltar do trabalho – de tecido de matapi – não vai agradar criança, não deixa ela ficar perto de ti gritando, pelo menos dois dias, senão você vai ficar panema. Tudo isso então era sabedoria. Nós indígenas, essa é a sabedoria que temos.

Outro também como eu estava dizendo, só quem aprendeu que conhece essas estrelas. Acho que com muito tempo nunca mais convivi com meus parentes, os velhos avós não tem mais e portanto eu não sei quais as estrelas grandes... Então cada estrela que cai no inverno, ela tem esse prestígio de arribar peixe e peixe faz piracema. E tem também pra pegar saúba da noite, uma qualidade de saúba que só voa à noite e eles conhecem pela estrela, pela chuva. Os que conhecem dizem – Hoje à noite vai voar saúba e a gente já vai queimar ela com fogo, com tochas. A gente queima de noite e já tem os caminhos que são os lugares antigos – não é de hoje, aí pra cima tem tudo isso, são lugares antigos, pais, filhos e netos que continuam.

Tem também a rã que chama *juí* que canta no início do inverno. É uma chuva que cai três horas da madrugada, amanhece e quando vai passar umas nove, dez horas da manhã, pra quem já sabe vai ter *juí*, rã sapo *Juí* que chama, uma qualidade de rã que foi feita pra isso mesmo, pra servir de alimento. Ele não é um sapo comum dessa qualidade que fica no chão, ele não aparece. *Juí* eu acredito que é encantado porque ninguém vê, nunca ninguém vê. Vê outro tipo de sapo, mas esse que canta no inverno ninguém vê. Até os meus avós que são muito sabidos diziam que ninguém o vê, ninguém sabe onde ele mora, então ele só sai com a chuva da constelação e a gente só sabe dizer assim que *Juí* vai cantar amanhã, porque ele aparece com essa chuva de três horas da madrugada e a gente vai se preparando pra sair de madrugada pegar esses *juí*. É assim pra nós.

Como eu já falei, cheguei nos anos 70 aqui em Barcelos e ainda cheguei a encontrar muita fartura aqui nesse Barcelos. E esses que conviviam antes de mim, eles diziam que era muito mais farto. Quer dizer que a fartura era muita. E que quando eu cheguei eu me admirei muito nessa região, era muita fartura, muito bicho de casco, no rio que eu morava tinha muita tartaruga.

Quando eu vim de lá, trabalhei aqui em Barcelos só seis meses na prefeitura e fui embora pro interior, morar no rio Demeni que fica confronte Barcelos. Pra lá vivi quase 20 anos, uns 25 anos eu vivi nesse rio. Então eu vi muita fartura, muita piracema de peixe. Não existia na época malhadeira, só era de zagaia, linha; pra pegar bicho-de-casco era camorim. De uns tempos pra cá apareceu malhadeira, apareceu também gente que flecha tartaruga, que eu nunca tinha visto. Eu sei de uma pessoa, só não lembro o nome, apareceu lá do rio Purus, veio ensinar a flechar tartaruga. De lá que veio esse negócio de flechar tartaruga e foram aprendendo, aprendendo... Ao meu ver foi assim que acabou tartaruga, porque ele sendo grande flecha tudo.

Hoje em dia pra contar a verdade não existe mais pirarucu aqui nessa região. Se aparece algum, vem lá do rio Unini, lá pras cabeceiras, assim que aparece pirarucu aqui em Barcelos. Aqui mesmo no Demeni, no Aracá, no Padauiri, no rio Preto, rio Quiuini, não tem mais, não existe mais peixe que antigamente tinha muito, não tem muito mais como antes.

Não existe também peixe-boi, se tiver tem alguns porque peixe-boi não é de cada local não, ele arriba, sabe lá de onde ele vem. Então essas coisas que hoje em dia eu vejo diferente, porque tem muita coisa, tem pessoal que mata com bomba, de todo jeito ele é perseguido.

O que eles fazem aqui em Barcelos? Quando é tempo de piracema de pacu eles colocam malhadeira. De noite eles vão roçar, assim vamos dizer: quando o rio está enchendo, baixinho ainda, eles calculam, – Daqui a dois dias vai fazer piracema, e já vão fazer uma variante grande, uns 100 metros ou mais, eu vi esse daí. Assim que eles acabam, não produz mais os peixes. Ele vai reparando, quando chega a água os peixes ajuntam naquele lugar onde fazem piracema, onde eles desovam, os pacus. Aí eles vêm do rio e enxotam tudo para onde está a malhadeira e malha tudinho. Assim que eles acabam.

Então precisa ver essas coisas, principalmente essa malhadeira pra mim tem que acabar. Tudo isso que eles fazem, é porque querem viver com coisa da natureza, querem fazer vida e sustentar família com coisa da natureza. Isso que eu acho muito errado, eu sou um pobre trabalhador de roça, se for contar a verdade você não acredita, nunca ganhei um tostão à custa de coisas de natureza, com carne, com peixe. Nunca vendi até com essa idade, criei meus filhos um bocado, mas com meu trabalho de agricultura. Nunca ganhei dinheiro, estou dizendo a verdade.

Tem muita maneira de a gente viver, tem muita terra pra gente trabalhar, não precisa estar pescando pra vender. Como aqui nessa região de Barcelos a maior parte são pescadores, não tem agricultor. Porque do ano que eu cheguei, de 72 a 90 eu fiquei no interior e desde 91 vejo isso, que não tem muito agricultor. Barcelos vivia na miséria de farinha, ninguém trabalhava na roça. Aí nós chegamos aqui e começamos a trabalhar nessa terra, e a gente ia vender farinha no mercado. E vinha chegando mais gente, hoje em dia é muita gente. Não é dizer que não tinha gente nessa região, tinha muita gente – mas eram pescadores, pegador de cardinal, pegador de cabeçudo, arpoador de peixe-boi. Tudo gente que vive com coisa da natureza; agricultor não tinha não, ninguém queria trabalhar com agricultura.

Com pouco tempo nós lá do alto, nós migramos e começamos a situar aqui. Acostumados a trabalhar, começamos a trabalhar aqui, plantar banana. Foi como nós colocamos no mercado. Pode prestar atenção, esses que trabalham na agricultura são indígenas, então dá graças a Deus, Barcelos, porque indígenas estão chegando. Quando chega indígena Barcelos tem que dar graças a Deus, porque indígena trabalha, indígena trabalha e como hoje em dia Barcelos tem fruta e não tem mais miséria pois estão vendendo fruta. Cada vez mais chegando, cada vez estão trabalhando. Isso que tá acontecendo em Barcelos. Assim eu findo contando minha história, história de minha cidade e se falei mal é porque não sei falar bem português, se eu ofendi alguma coisa me desculpa■

..........verão extremo em barcelos ....

mandioca-isopor

O verão de 2015-16 foi marcado por uma longa e intensa estação seca na região de Barcelos, como há décadas não se via no Médio Rio Negro, no segundo maior munícipio do país em extensão territorial. Embora o nível do rio tenha atingido níveis muito baixos, mais graves foram os incêndios florestais sem precedentes que se espalharam tanto nos igapós como em terra firme, queimando extensas áreas, em vários casos ameaçando atingir comunidades. Famílias perderam roças, seu principal meio de subsistência. A pesca sofreu impacto significativo, com cardumes morrendo à medida que o rio secava – presos em águas rasas e aquecidas – ou dizimados pela pesca oportunista excessiva.

Entrevista com Clarindo Campos
Aloisio Cabalzar e Felipe Storch edição
Thaissa Sobreiro transcrição

□ **Queria que o sr. contasse um pouco desse verão 2015/2016, no que ele se diferenciou dos outros verões?**

Sr. Clarindo Normalmente o período mais seco do rio acontece nos meses de novembro, dezembro, janeiro e fevereiro. Em março já tem aproximação de chuva. Quando é normal, é assim. Ano passado [a seca do rio em 2016] foi até o mês de abril, esticou assim.

A gente vem presenciando grandes mudanças. Em 2015 o verão começou em agosto, sem chover, o rio baixando, sol direto. Diferente desse verão aqui [2016], que você tem relâmpagos e chuvas esporádicas. Lá [2015] não tinha chuva, era sol direto e a gente se agoniava aqui, o ventilador aquecia nós, e se desligasse era pior. Nem tomando banho dava jeito porque a água da torneira já saía quente. Começou em agosto e foi até o mês de abril. Novembro e dezembro foi o período mais forte. A gente pensava que não ia mais chover. Mas choveu.

Já teve outro verão forte quatro anos atrás, em 2012 aproximadamente. Também pegou fogo na [área da] estrada, mas nem tanto assim. Agora em 2015 realmente foi muito mais forte que o anterior. A gente sentiu diferença, uma fumaceira que nem na viagem não dá mais. A cidade ficou fumaçada, a estrada, lá em cima nos lagos.

A gente não conseguia dormir bem, parecia que ia morrer asfixiado. Aqueles carapanãs andavam em bando fugindo da fumaça. Aqui dentro de casa o olho ardia, custava pra dormir. Passamos quase três meses com esse ardor até que a chuva chegou. Mas para apagar o fogo levou ainda mais um tempo.

Como foi o impacto das queimadas no ambiente, nas roças?

Foi muito extenso. A maioria dos parentes que tem roça sofreu as consequências e está sem nada, igual pedintes, porque não têm alternativa ou outras atividades que lhes deem renda. Também, aqui em Barcelos as pessoas não têm esse costume de agricultura como lá no alto [rio Negro]. As famílias ribeirinhas e indígenas daqui já são filhos dos indígenas que desceram do alto rio Negro, cresceram já como filhos de extrativistas de piaçabais, não cresceram vendo roças. Quando eles saem de lá [dos piaçabais e locais de extrativismo], tentam adotar essa nova forma de trabalhar com roça. Eles têm roças pequenas aqui, bem pequenas, que se pegarem fogo vão embora rápido. As roças são pequenas, mas a terra aqui dá bastante mandioca, então num pequeno pedacinho eles conseguem suprir a necessidade. Consegue produzir pra consumo mesmo.

Como foi o verão para o senhor especificamente? E suas roças?

Quando eu cheguei aqui e comecei a trabalhar, com nossa roça conseguimos uma boa renda para suprir nossa necessidade. A gente conseguiu

comprar geladeira, terreno da casa, vendendo farinha. Vendia R$700 de farinha por semana mais o tucupi, goma, abacaxi, a gente fazia 1500 por semana. Dava pra viver. Só que o que acabou comigo foi participar do movimento indígena. Eu comecei a viajar e tal, minhas roças começaram a cerrar. Minha esposa não deu conta, que sozinho não tem jeito [de cuidar das roças]. Eu caí dessa forma. O movimento indígena não fornece recursos pra você trabalhar. É um trabalho voluntário, com muito gosto, com muita energia, com muito esforço, com muita boa vontade, com garra, mas em contrapartida, a base, a família sofre. Foi se acabando, e agora veio o verão e completou.

Minha roça tem duas partes, uma de areia e terra preta que dá bem. Abacaxi dá uma maravilha, banana... A gente plantou quase mil pés de banana. Na primeira remessa a gente colheu e vendeu. O pessoal comprava no porto mesmo, ia vender e na rua mesmo acabava. Vendemos farinha também. Estava indo bem. Aí fiz numa outra terra que achei bonita, três quadras de roça nova, fizemos novamente, eles ajudaram [*os filhos*]. Plantamos de novo 800 pés de banana, no ano retrasado. Aí o verão chegou, as manivas estavam novas e as bananas começando a carregar. O verão chegou e começou a secar. Morreram as pimentas, as bananeiras foram quebrando tudinho. Até lá estava dando pra salvar. Eu também tinha demanda de viagens. Aquele dia tinha uma viagem pra cima. Eu fui, quando estava subindo eu vi uma nuvem preta subindo bem da minha área e pensei, será que é minha roça que pegou fogo?

Era no igapó, não pude ir ver porque estava na viagem. Chegando em Santa Isabel fiquei 3 dias em reunião. Desci no quarto dia, eu vi fumaçando. Quando pega fogo leva duas, três semanas, um mês, só queimando o mato. E estava ainda aquela fumaça. Aí eu fui lá e o fogo já estava na metade da roça. Eu não tive como salvar porque a fumaça, o calor do sol e do fogo e do chão não me deixavam aproximar. Eu não podia aproximar. Deixei queimar né? Acabou tudo. Sobrou ainda alguma coisa, aí as larvas vieram e acabaram com o restinho.

Ainda tinha aquela roça de cima, que era madura, que era para torrar farinha para o nosso sustento. Fomos lá arrancar e quando vi, as manivas estavam arrancadas. Os porcos tinham comido toda nossa roça. O resto o verão assou. Assou tudo. A queimada veio enxotando os porcos e a alternativa para eles foi comer tudo mesmo. O resto assou, ficou igual isopor. A gente vai ralar ele cai seco, igual pedaço de isopor mesmo. Não deu para aproveitar nada. Eu não sabia que a fome ia chegar tão cedo assim. Bom, aí fazer o quê, né? Largamos e ficamos no lado onde o porco não come. Tem um igarapé no meio, onde até agora eles não atravessaram. Tem um vizinho que tem uma rocinha, os porcos tiraram todas as manivas. Estou pedindo maniva e catando por aí, enquanto estou só deixando crescer as manivas. Não tenho nada, tenho que comprar farinha.

O senhor tem outra área? Como o senhor está fazendo? Está usando a área que queimou?

Eu tinha uma rocinha na estrada, pequena, só pra salvar algumas manivas, mas também foi atacada pelos gafanhotos. Roeram tudinho nesse ano mesmo, mês de setembro. Aí plantamos de novo segunda vez, quando começou a grelar veio de novo e matou tudinho. Nós catamos [manivas] por aí e tentamos plantar. Temos duas areazinhas pequenas que estou salvando pra quando depois crescer, a gente ampliar. Deu essa praga toda para a gente, esse azar. Pra nós está tendo esse problema, o verão não dá todo igual, tem áreas que chove ou mais úmidas que garantem, mas tem outras partes que a terra á mais seca, não chove. Na área onde eu trabalho não chove. Chove aqui e lá não chove. Quando chove é muito raro.

Agora estou aproveitando as áreas que queimaram. Eu não fiz mais roça esse ano e também não tenho sementes. Estou aproveitando as áreas que queimaram, limpando e plantando. Quando tenho tempo faço uma roçada e limpo. Meu vizinho me deu uns feixes de maniva que ele conseguiu salvar das larvas. Eu plantei onde é igapó agora. A queimada limpou os igapós, então está tudo limpo. Não deixou um galho. Natureza mesmo limpou lá. Agora está bom.

Na sua visão, por que está acontecendo isso?

A natureza não é a mesma. Existia um tempo onde nossos ancestrais faziam seus rituais para que a energia da natureza segurasse essa mudança, para não existir mudança. Tanto o verão quanto o inverno, o floramento das árvores frutíferas, tudo era controlado, ajudado por esses rituais, que mantinham essa ordem... Funcionava mesmo. Tempo da piracema acompanhando as constelações, purificava o ambiente com esses rituais. Eu digo que funciona porque a gente experimenta nas doenças, num tumor por exemplo você compara. Só com o ar que você pronuncia e dá uma soprada, sem creme, sem nada e esse tumor vai embora, some. São forças da energia da palavra, virtude que a palavra tem.

Depois que essa cultura foi reprovada pelos missionários, visto como uma coisa má e diabólica, muitos morreram de depressão, tristes por esse acontecimento. Levaram com eles isso. E toda

essa preparação, defesa que nossos ancestrais colocaram, pouco a pouco vai perdendo poder, efeito. Assim vem essa nova fase, que chama-se, digamos assim... que as pessoas estão matando sua própria mãe né? Porque eu acho que nós estamos massacrando a nossa mãe terra. Ela dá tudo para nós, água, vida, material, dá tudo para sobreviver ou para a gente viver bem. Mas a humanidade hoje, pela missão de ganhar muito dinheiro, vai matando certos lugares, destruindo o planeta que é um ser vivo, a natureza viva com que gente não pode brincar, ao contrário, tem que respeitar e usufruir dentro dos limites.

Na minha opinião para reverter é impossível porque não tem mais o ritual que tinham de chamar para ouvir os ancestrais, algum dos que faleceram uns cem anos atrás que podia saber e falar se a gente poderia resolver esse problema. A gente podia até controlar, mas como agora nós não sabemos, vai ter que ficar assim mesmo.

Assim, a gente vai perdendo. Então, nessa pergunta, eu acho que não tem como remediar, não temos como reverter essa situação, a não ser que a gente possa prolongar, adiar, isso sim podemos fazer né? Reflorestar, organizar, não sei, deveria ter algum estudo sobre isso.

Esses ciclos de vida que tem lá no alto, terra de transformação. Ele também vale pra cá?

Terra de transformação vai até em São Gabriel, Camanaus no máximo. Aqui não, aqui é outro ambiente, outro ciclo. Aqui principalmente os animais não são preparados para alimento. Alguém que chega lá do alto, tem que ter benzimento pra se alimentar e não ficar doente. Porque alimento aqui não é normal, não é igual ao peixe de lá. Tem uma diferença grande tanto no gosto como no cheiro. Sentindo bem eles, têm uma grande diferença. Meu pai já falava isso, eu não entendia mas quando cheguei aqui comecei a entender. A gente passava a noite pescando e voltava, às vezes, a remada era tão longa lá nos igarapés, que 2-3h da tarde chegava em casa. Você matava e até oito horas da noite o peixe ainda estava bonzinho pra comer, não acontecia nada. Mas aqui você pesca de manhã, uma da tarde já tá moído e não serve mais pra comer. Pode jogar fora. Ele não foi purificado.

Nós que já purificamos por aqui. Eu preparo minhas filhas, meus filhos pra enfrentar essa diferença grande. Por isso nesses tempos a gente vê muitas pessoas adoecendo, muitas mulheres magrinhas e doentias; como diz aqui na nossa região, o encanto ataca. E falo às vezes com aquele pessoal, – A comunidade de vocês está aberta, não está fechada, não está defendida. Tá aberto pra qualquer doença, qualquer ataque, tá aberto. Vocês têm quem possa preparar a terra, a moradia de vocês, as comunidades de vocês: fechar, colocar defesa pra que a comunidade sinta paz e segurança.

A parte de problema climático atinge essa fase do mundo encantado. Eles vão se sentir afetados e vão ter que mudar para outros lugares. Não vão permanecer aqui. Se eles começam a migrar pra outros lugares, o que vai acontecer? Então, vai acabar o canal desse Rio Negro, vai aterrar. Não vai mais ter lagos de procriação. Porque tem lugares fundos mesmo, onde tem tudo, tem peixe-boi, mas se continuar assim desorganizado, essa quentura toda e perseguição de pesca esportiva, não tem futuro nenhum pra nós. Pro turismo tem porque ele poderá ir pra outro país pescar, fazer o que quiser. Mas para moradores daqui, que vão ficar aqui e morar aqui todo o tempo, impacto é muito grande, porque os peixes foram espantados, foram embora graças a essa "pesca destrutiva" que eu chamo assim, e não "esportiva". Isso também contribui muito para que esse problema climático venha vindo muito rápido e a gente não consegue controlar. Também porque tem lixo jogado na praia, no mato, nas ilhas. Eles jogam lixo, tacam fogo, vidro quebrado corta o pé da gente.

Então estamos caminhando para o caos, não é de um dia para outro, é de longo prazo. Não é assim muito rápido, vamos dizer assim: – amanhã já era, não, isso parece que não tá acontecendo, mas vai acontecendo sem ninguém perceber. Agora o que estamos sentindo aqui é a força do calor mesmo, o aumento do calor é muito grande. Muito grande! O rio Negro não vai suportar que a água vá começar a esquentar. Os lagos pior, pra tomar banho no lago vai queimar, você vai gritar. E os peixes morrem mesmo. É uma quantidade, o sr. não sabe o quanto de peixe morre. O lago fica assim branco de peixe, é piranha, é tucunaré, que o turismo gosta de pescar, é pacu, é barba-chata, peixe-liso de todo jeito, eles morrem assim.

E a agricultura, a abertura de mata primária, é mais ou menos o mesmo tempo lá do alto?

Agricultura é ao mesmo tempo. O meu costume é mês de maio começar a roçar. Mês de junho derrubada, tudinho. Julho ela seca, e pela segunda quinzena de agosto a gente queima. As cigarras cantam para fertilizar o crescimento das manivas. Ela não canta à toa não. Quando canta, está jogando energias pra maniva crescer bonita e sem praga. Dá bem, carrega bem, sem praga.

Se tem verão, sempre tem aquele repiquete que chama aquelas chuvas, aí vai molhando. Quando já tá grande, aí chega verão, ele já segura. Dá pra derrubar agora também nesse período [setembro], só que não tem mais cigarras e a mandioca não cresce tão bem mais... mas dá...Nesse tempo agora, antes quando o tempo era certo a gente derrubava mais as capoeiras. Não mais mata virgem. Como agora descontrolou...

Onde eu estou é bom, pode plantar até três vezes, tranquilo. Ele dá bem mesmo, carrega bem. Aqui atrás de Barcelos é diferente. Você tem um terreno lá, plantou primeira vez, segunda vez vem um capim. Você vem capinando atrás e aí vem fechando de novo. Todo o tempo tem que estar limpando. Você capinou, já está fechando lá atrás, parece tapete assim. São capins que só existem aqui. Na minha roça não tem nenhum capim, eu tiro alguzinho rapidinho. Dá pra garantir. Aí tem áreas muito boas de roça. Tem um igarapé que garante uma agricultura pra fazer uns cem anos. Uma área muito grande, com uma terra muito boa.

A terra fértil dá tudo, mas... ■

verão extremo em barcelos

florestas de igapó ameaçadas pelo fogo

A cada evento de seca extrema na Amazônia, grandes extensões de florestas de igapó são queimadas, ameaçando a disponibilidade de recursos para populações ribeirinhas

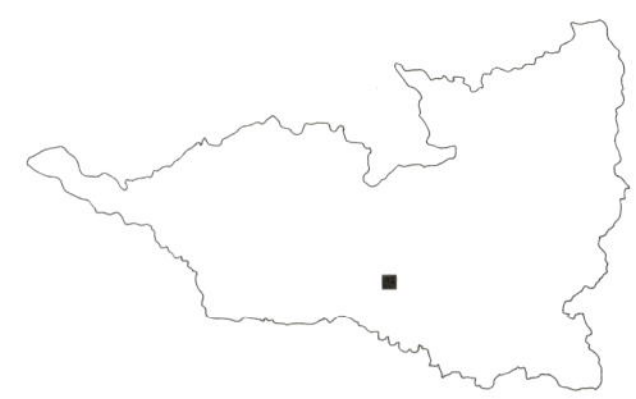

Bernardo M. Flores pesquisa e texto

□Áreas inundáveis ocupam um sétimo da bacia Amazônica. Aproximadamente metade é inundada todos os anos por água barrenta, rica em nutrientes, formando os ambientes de várzea. A outra metade tem forte influência de água preta, ácida e pobre em nutrientes, e forma os igapós. Esses ambientes abrigam uma enorme quantidade de espécies de plantas e animais que só existem ali – muitas ainda desconhecidas pela ciência – e recursos vitais para populações ribeirinhas e indígenas. As áreas mais extensas estão no Peru, Bolívia, no Rio Negro e nos afluentes dos grandes rios Amazônicos.

No baixo e médio rio Negro estão os dois maiores conjuntos de ilhas em águas continentais do mundo, Anavilhanas com aproximadamente 100 km de extensão e Mariuá com 200 km, onde florestas de igapó são tão comuns que dão a sensação de serem eternas, imunes a qualquer perturbação. O verão de 2015 para 2016, no entanto, revelou que essas florestas são mais frágeis do que se pensava, pois em poucos meses imensas áreas foram destruídas pelo fogo (Figura 2).

Eventos de seca extrema associados ao fenômeno El Niño, como ocorreu em 2015 por exemplo, permitem que o fogo se espalhe pela floresta de igapó (Flores et al., 2014). Este ano, demonstramos em um estudo (Flores, 2017) que florestas de igapó em toda a bacia Amazônica são mais vulneráveis a incêndios do que florestas de terra-firme. Florestas de igapó são naturalmente mais inflamáveis por dois motivos principais. Sobre o solo, um tapete de raízes (conhecido no médio rio Negro como samambaia ou bucha) atua como combustível (Figura 5) (Santos AR, & Nelson BW., 2013), e a estrutura da floresta, mais baixa e aberta, permite que o vento remova a umidade do solo, deixando o ambiente mais propenso a queimar (Almeida et al., 2016).

Fig.1 (Ao lado) Floresta queimada em 1998 e 2004 no rio Cuiuini.

O fogo tem diversas origens conhecidas. Normalmente é iniciado em roçados na terra-firme ou por viajantes que fazem fogueiras para assar peixe na beira do igapó e ao partir deixam a brasa acesa, permitindo que o fogo se espalhe. Pessoas na região também costumam queimar a mata para formar novas praias e atrair a desova de quelônios (bichos de casco), ou abrir furos na floresta permitindo a passagem de embarcações durante os meses de cheia. Nos primeiros meses de 2016, somente ao norte da cidade de Barcelos, incêndios consumiram 67.000 hectares de florestas de igapó (mapa na Figura 2). Incêndios também queimaram florestas de igapó nos municípios de São Gabriel da Cachoeira, Santa Isabel, Novo Airão, e possivelmente em outras partes da Amazônia. Grandes queimadas foram relatadas por moradores do Rio Caurés, por exemplo, e pelo gestor do Parque Nacional de Anavilhanas, demonstrando a magnitude e abrangência do impacto.

Quando está muito seco, toda a vegetação no igapó fica inflamável e o fogo pode se espalhar lentamente pela paisagem. Quando acontece, o fogo costuma queimar por meses até que uma nova chuva caia, molhando a floresta. Seus efeitos são destrutivos, podendo matar praticamente todas as árvores pela raiz, até imensas árvores centenárias (Figura 1). Depois de queimar, a recuperação é lenta. Igapós queimados permanecem abertos por décadas, podendo queimar novamente durante outra seca extrema. Nossos estudos também demonstram que após uma queima, florestas de igapó podem recuperar, mesmo que lentamente. Porém quando queimadas uma segunda vez, elas dificilmente recuperam, permanecendo como uma vegetação aberta (Flores et al., 2016) *(Imagem pág.114)*.

Agora estamos investigando se essas áreas queimadas diversas vezes poderiam se transformar em *campina* (ou *caatinga*), equivalentes a uma savana inundável, o que levaria a um desequilíbrio na distribuição dos tipos de vegetação na região. Já sabemos por exemplo, que quando florestas de igapó na região são queimadas, as espécies de aves típicas do ambiente florestal desaparecem, dando lugar a aves de *campina*, e que essa mudança pode persistir por décadas (Ritter et al., 2012).

Apesar de ainda haver uma enorme área de florestas de igapó no Rio Negro e de uma parte estar protegida no Parque Nacional de Anavilhanas, cada evento de seca como a de 2015 destrói uma parte significativa desses ambientes. A pesca é o principal sustento de grande parte das populações ribeirinhas e indígenas na Amazônia, mas sem a floresta de igapó muitos peixes não conseguem se reproduzir e crescer. A perda contínua de áreas de floresta pode no futuro levar ao colapso de atividades como a pesca ornamental, esportiva e de subsistência (Figura 4).

Os impactos não param por aí. Cerca de um terço das florestas de igapó queimadas em 2015 estavam sobre turfeiras, locais onde a matéria orgânica (folhas, frutos e galhos secos) produzida pela vegetação ao longo de milhares de anos – que normalmente seria decomposta – se acumulou sobre o solo formando camadas de até dois metros de profundidade. Em 2013, descobrimos que no médio Rio Negro, entre os Rios Aracá e Itú, existem enormes turfeiras (Lähteenoja et al., 2013), em uma região onde historicamente piaçabeiros extraem a palha da *Leopoldinia piassaba* e piabeiros pescam peixes ornamentais. Além de abrigar recursos importantes para os povos da região, essas áreas são um importante reservatório de carbono. Se esse carbono for queimado e emitido para a atmosfera, contribuirá para acelerar o aquecimento global e tornar mais comum os eventos de seca.

O uso do fogo é necessário no dia-a-dia para trabalhar a terra, o alimento e a casa. Porém, quando eventos de seca extrema acontecem, como no verão de 2015-

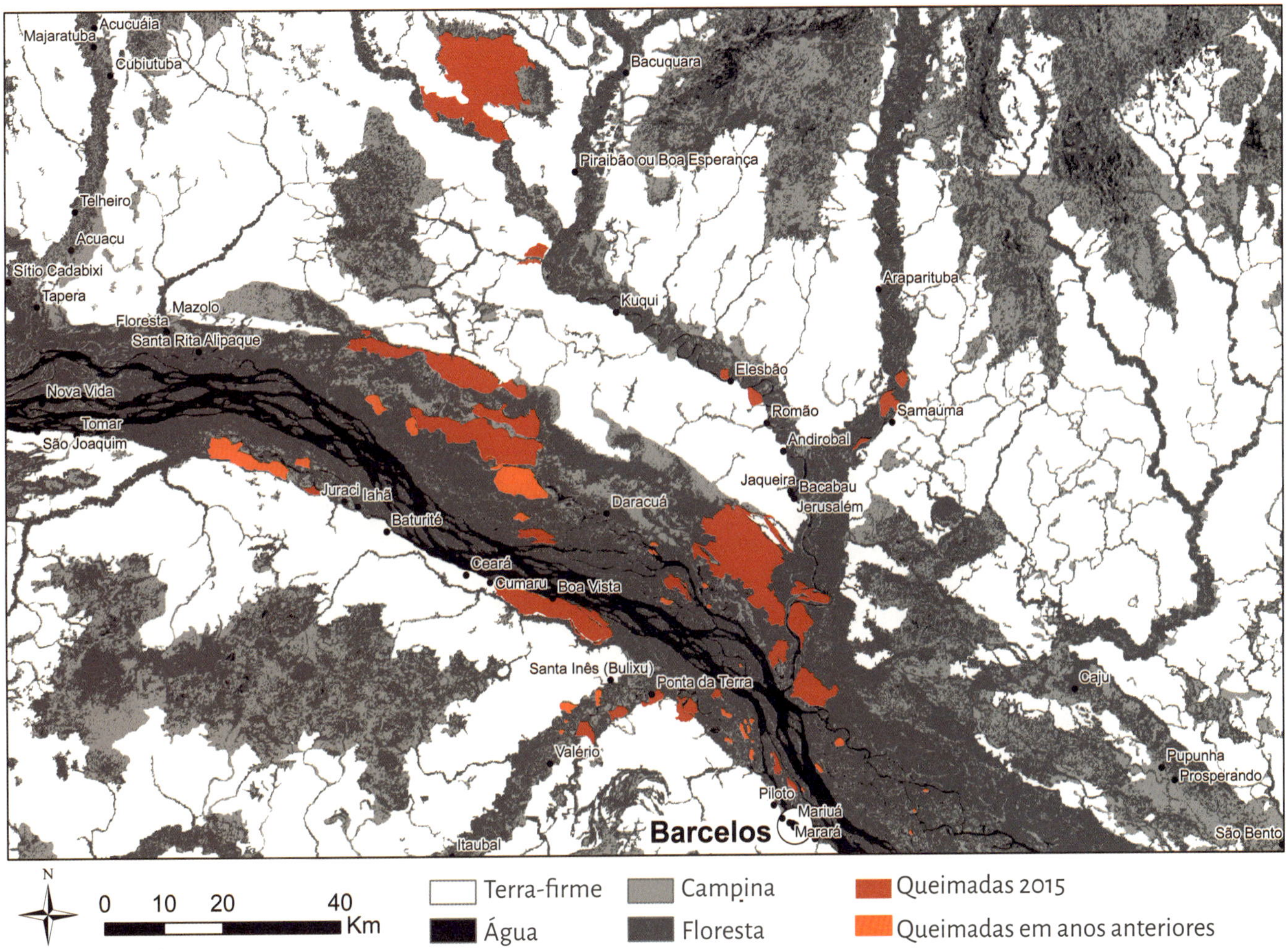

Fig.2 Mapa da região de Barcelos mostrando as florestas de igapó que queimaram na seca 2015-2016 e em anos anteriores. As queimadas foram mapeadas dentro da área central no mapa usando imagens anuais do satélite Landsat, que revelam as marcas do fogo na vegetação.

Fig.3 Queimada de 1992 ao norte de Barcelos vista do satélite.

Fig.4 Pesca em local cercado por queimadas.

Fig.5 Combustível em forma de tapete de raízes.

2016, o fogo precisa ser evitado ou utilizado com muito cuidado. Quando está muito seco, as pessoas sabem do risco, mas muitos ainda utilizam o fogo de forma descuidada, iniciando esses mega-incêndios. Esse problema é especialmente preocupante na região do Mariuá, onde a maior parte das florestas de igapó está fora de áreas protegidas ou de terras indígenas, áreas reconhecidas por garantirem maior controle de incêndios em anos de risco. Para que as queimadas não se tornem mais comuns, é essencial que as pessoas que vivem nessa região se organizem para evitar novas queimadas.

Sociedades amazônicas, principalmente ribeirinhos e indígenas têm profundo conhecimento da natureza e podem contribuir para proteger as florestas de igapó e aumentar sua resiliência diante de eventos de seca extrema. Para isso, uma política de manejo do fogo precisa ser desenvolvida para a região Amazônica. Alertas de risco de fogo gerados pelo programa Queimadas do Instituto Nacional de Pesquisas Espaciais (INPE)[1], podem ser comunicados por rádio para todas as comunidades da região, permitindo que comunitários controlem o uso do fogo em momentos de risco.

Desde 2008, eu tenho estudado os efeitos do fogo no igapó, em colaboração com pesquisadores do Instituto Nacional de Pesquisas na Amazônia (INPA), da Universidade Federal do Rio Grande do Norte (UFRN), da Universidade de Wageningen (WUR), Holanda. O trabalho foi feito com o apoio do IDAM-Barcelos, de moradores dessa cidade e das comunidades Ponta da Terra, Bulixu e Daracuá, aos quais sou muito agradecido. Hoje sabemos que o fogo é uma perturbação constante e que populações indígenas e ribeirinhas precisam manejá-lo com sabedoria para que as florestas de igapó e os seus recursos sejam conservados para as gerações futuras■

1 Queimadas, INPE. https://queimadas.dgi.inpe.br/queimadas/risco-de-fogo-meteorologia.

Referências

Almeida, et al. (2016). Contrasting fire damage and fire susceptibility between seasonally flooded forest and upland forest in the Central Amazon using portable profiling LiDAR. *Rem. Sens. Envir.*, 184, 153-160.

Flores BM, et al. (2014). Fire disturbance in Amazonian blackwater floodplain forests. *Plant Ecol. & Div.*, 7, 319-327.

Flores BM, et al. (2016). Repeated fires trap Amazonian blackwater floodplains in an open vegetation state. *Appl. Ecol.*, 53, 1597-1603.

Flores BM, et al. (2017). Floodplains as an Achilles' heel of Amazonian forest resilience. *PNAS*, 114, 4442–4446.

Lähteenoja O, et al. (2013). Tropical peat accumulation in Central Amazonia. *Wetlands*, 33, 495-503.

Queimadas, INPE. https://queimadas.dgi.inpe.br/queimadas/risco-de-fogo-meteorologia

Ritter CD, et al. (2012). Impact of past forest fires on bird populations in flooded forests of the Cuini River in the Lowland Amazon. *Biotropica*, 44, 449-453.

Santos AR, & Nelson BW. (2013). Leaf decomposition and fine fuels in floodplain forests of the Rio Negro in the Brazilian Amazon. *Trop. Ecol.*, 29, 455-458.

verão extremo em barcelos

os impactos do último grande verão na região de Barcelos

Aloisio Cabalzar texto
Renata Alves mapa dos focos de fogo

O município de Barcelos está situado em uma das regiões mais preservadas da Amazônia, distante das principais frentes de desmatamento, estradas ou grande obras de infraestrutura. No entanto, os efeitos da gradual destruição desse bioma, principalmente em seus limites bem mais ao sul, associados a câmbios climáticos mais amplos, parecem já estar impactando essa região.

Uma longa e intensa estação seca, que começou em outubro de 2015 e se estendeu até março de 2016, como há décadas não se via na região, produziu incêndios florestais sem precedentes que se espalharam tanto nos igapós como em terra firme, queimando extensas áreas e, em vários casos, ameaçando atingir comunidades. Famílias perderam suas roças, seu principal meio de subsistência. A pesca sofreu impacto significativo, com cardumes morrendo à medida que o rio secava – presos em águas rasas e aquecidas, e também dizimados pela pesca oportunista excessiva.

A queima de roças e capoeiras que produzem frutos se estendeu por várias comunidades. Algumas sentiram, como jamais acontecera antes, o fogo ameaçar casas e roças familiares. Os moradores, incluindo as crianças, da comunidade Cauburis, a jusante da cidade de Barcelos, precisaram carregar água para impedir que o fogo chegasse em suas roças e casas. Por sorte, contam com uma moto-bomba e não foi preciso descer o barranco para buscar água no rio – mas o esforço foi grande e não conseguiram evitar a queimada de seus patauazais e capoeiras. Para impedir a passagem do fogo e salvar as roças foi preciso fazer aceiro em torno delas.

Outro efeito da seca é a falta de mudas de mandioca, perdidas com as queimadas e as pragas de lagartas e gafanhotos que se sucederam. Em certa medida, esse problema é contornado com a colaboração entre parentes e vizinhos, que oferecem mudas e sementes para aqueles mais atingidos pelos fogos e pela seca. Muitos se perguntam como adaptar suas práticas de manejo das roças em condições climáticas distintas da que estão acostumados.

Os incêndios começaram com pequenas fogueiras, geralmente feitas para cozinhar peixe na beira do rio, ou em coivaras para limpeza das roças. Fazer fogo com tais finalidades é uma prática comum, jamais com as consequências desastrosas que se assistiu naquele verão. Esses pequenos fogos, mal apagados, foram suficientes para desencadear vastos incêndios florestais fora de controle.

Ao lado A floresta queimada em 2003 e 2010 no rio Cuiuini.

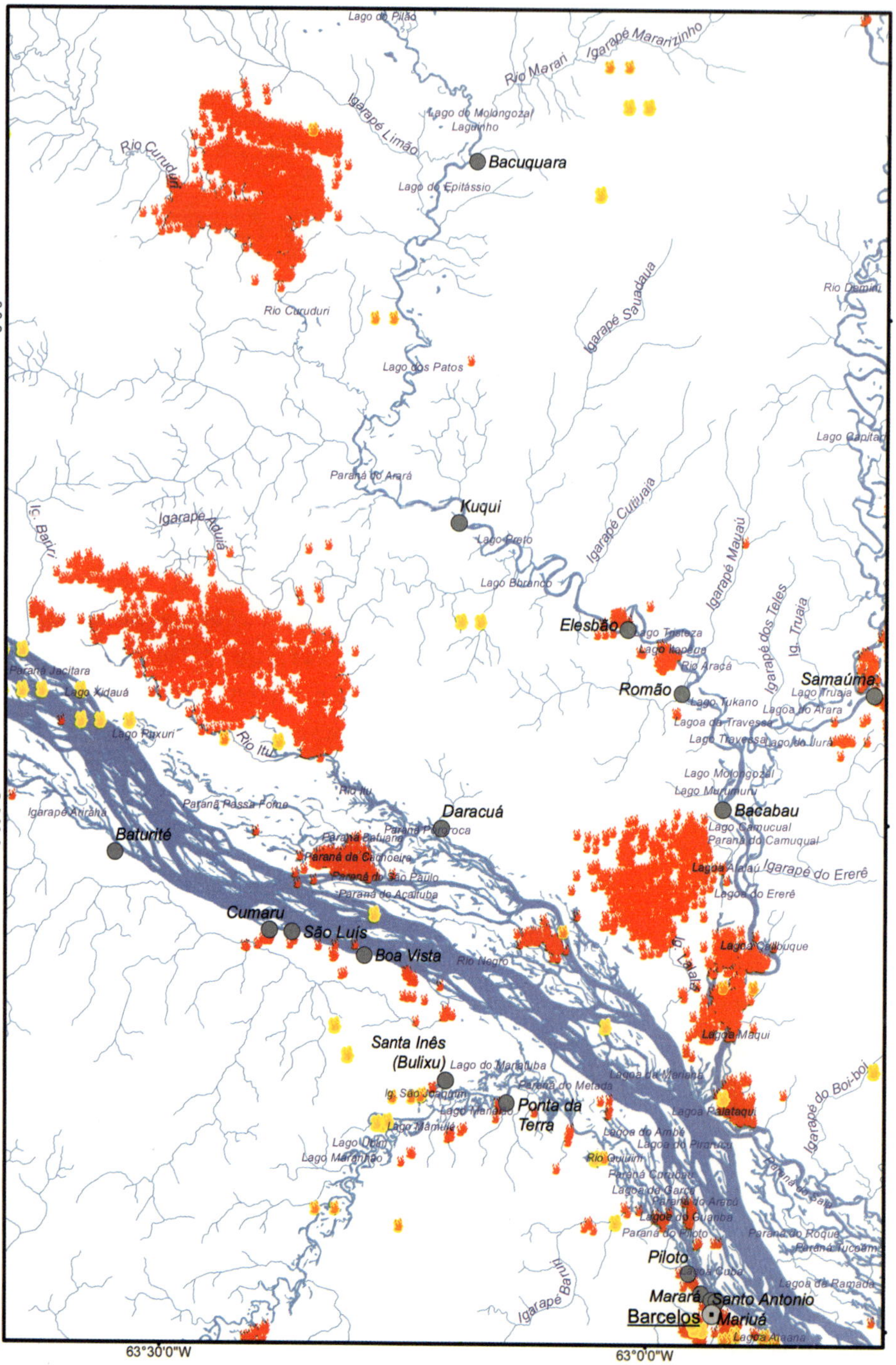

Legenda

- Sedes de cidades
- Comunidades
- Limites do município
- Focos em 2014 = 178
- Focos em 2015 = 196
- Focos em 2016 = 14.321

Fontes: Base cartográfica IBGE. Comunidades ISA/FOIRN 2017, Focos de fogo INPE (https://queimadas.dgi.inpe.br/queimadas)

Nos igapós dos rios Aracá, Caurés e do próprio Negro os incêndios se propagaram na espessa camada de raízes, folhas e matéria orgânica, regionalmente chamada de bucha, que sustenta a vegetação, e não apagaram por três meses (ver texto de Bernardo Flores). Os bichos-de-casco, sobretudo os cabeçudos, que desovam e permanecem nos igapós no verão, foram amplamente atingidos. Segundo Antônio Santana (51 anos), liderança da comunidade São Roque, situada no rio Caurés, que desemboca mais a jusante da cidade de Barcelos, "o fogo fica na bucha, por baixo da terra. E vai queimando pela bucha e lá na frente ele boia... aí já vai ficando destruído tudo. No final das contas, eu acho que morreu muita coisa. Porque os bixinhos na época de verão ficam nos buracos, naquelas ocas... assou tudo." Queimadas pelas raízes, as árvores tombavam e o estrondo delas caindo podia ser ouvido das comunidades. "O barulheiro de pau caindo era grande. Parecia que estavam derrubando [a floresta]."

Ainda segundo Santana, "os peixes não tinham para onde ir... Foi a época que [os pescadores de fora] aproveitaram. Foi aí que sentimos uma diferença muito grande. Foi uma diferença de 100% – porque mesmo quando o rio encheu, saía para pescar, mas não tinha o peixe. Ficou devagar. Para onde a gente costumava ir pescar, era só queimada. Atingiu os igarapés. Queimou onde a gente tirava as iscas para pescar, o daracubi, queimou tudo. Aí desapareceu tudo." Ele e outros pescadores, que têm nessa atividade seu principal meio de subsistência, relatam que os efeitos na pesca ainda são sentidos, meses depois de findado o verão. "No igapó [onde há mais alimentos para os peixes] queimado os peixes vão embora, e foi isso que aconteceu. E quando o rio encheu não tinha mais o peixe. E daí começou a diferença. Porque a gente preservava isso bem, não consentia muitos pescadores de fora. Aí nesse verão, como foi muito grande, eles aproveitaram, entraram com rabetinha, canoas que pegavam até 6 mil quilos, e aproveitavam porque os peixes estavam ilhados. Tinha noite que a gente ia e focava com a lanterna nesses lagos e a gente só via as olhadas [de peixe] e depois dessa paulada que eles deram [sobrepesca no verão], você não ouvia mais nem bater um tucunaré", diz Santana.

Extensão dos incêndios florestais

A extensão dos incêndios florestais na região de Barcelos e seus impactos nas atividades de subsistência e na fauna ainda estão sendo avaliados. Em complemento aos dados apresentados por Bernardo Flores, Renata Alves, do Laboratório de Geoprocessamento do ISA, a partir de dados do INPE de focos de fogo que são monitorados diariamente (https://queimadas.dgi.inpe.br/queimadas), identificou que houve um incremento considerável dos focos de fogo naquele período, em comparação com os anos anteriores: **em 2014 foram 178, em 2015 foram 196 e em 2016, até outubro, foram 14.321.** O mapa ao lado ilustra e evidencia a gravidade da situação■

Pascoal Machado Lana

incessante plantio de mandioca

a produtividade da agricultura indígena no rio Tiquié 1ª parte

Quando dona Oscarina vai para a roça, além de trabalhar para que a família seja alimentada, ela está coletando dados de pesquisa. Desde abril de 2013, o casal seu Rafael (AIMA) e dona Oscarina, junto com suas filhas, está fazendo um levantamento da produtividade das roças

Pieter-Jan van der Veld pesquisa, supervisão e redação do texto
Oscarina da Silva Caldas pesquisa, discussão dos dados
Rafael Antônio Azevedo pesquisa, discussão dos dados

Como se define a produtividade na agricultura?

Uma das maneiras possíveis é, em primeiro lugar, registrar a quantidade de produto agrícola produzido em um certo período do tempo. O produto agrícola pode ser arroz, milho, trigo ou, no caso da agricultura do rio Negro, a mandioca. Além disso, precisamos saber a área plantada e os investimentos. Dependendo do tipo de agricultura, investimentos podem ser muitas coisas: máquinas, inseticidas, herbicidas, fertilizantes etc.

Na agricultura indígena, o principal investimento é a mão de obra, que é medida em tempo. Para saber o tempo investido na produção, seu Rafael ou dona Oscarina registram em um formulário o horário em que alguém da família sai para ir para a roça e quando volta, além de registrar quantas pessoas estão indo. Voltando da roça, os aturás (ou o aturá) são pendurados em uma balança, e o peso da mandioca é anotado.

Peso da produção em quilos e mão de obra em horas são as principais informações para se avaliar a produtividade da roça, mas outras coisas também são registradas: produtividade em aturás, a principal atividade desse dia na roça (arrancar mandioca, plantio, capinar etc.), qual roça foi visitada (as roças são numeradas) e o destino da produção: para farinha, tapioca ou caxiri.

Complementando a pesquisa, fizemos medição da área de todas as roças, com o uso de GPS. Também fizemos duas entrevistas com a família, uma no começo do projeto e outra em 2017. Finalmente, senhor Rafael, e recentemente também dona Oscarina, está fazendo um diário (como todos os AIMA fazem) dos ciclos ambientais e do clima, e do dia-a-dia em Acará-Poço. Assim podemos pesquisar detalhes adicionais e a história de cada roça.

Ao lado Variedades de mandioca brava.

A produção na linha do tempo

No primeiro ano da pesquisa, em 2013, a família alcançou uma produção de mais ou menos cinco e meia toneladas, investindo mais de duas mil horas de trabalho. Como a pesquisa começou em abril, foram monitorados apenas oito meses de trabalho. Provavelmente, se tivéssemos começado em janeiro, teríamos como resultado uma produção acima de seis toneladas naquele ano. Em 2014 a produção foi cinco toneladas, com quase duas mil horas dedicadas à agricultura. O ano de 2015 foi o mais produtivo, com quase seis toneladas e meia de mandioca produzidas, resultado de maior investimento em mão de obra: quase três mil horas dedicadas à agricultura. Em seguida vem 2016, o ano de menor produção, pouco acima de quatro toneladas de mandioca, também com o menor investimento em mão de obra, um pouco menos de mil e quatrocentas horas. Não por coincidência, pois foi também um ano com muita malária.

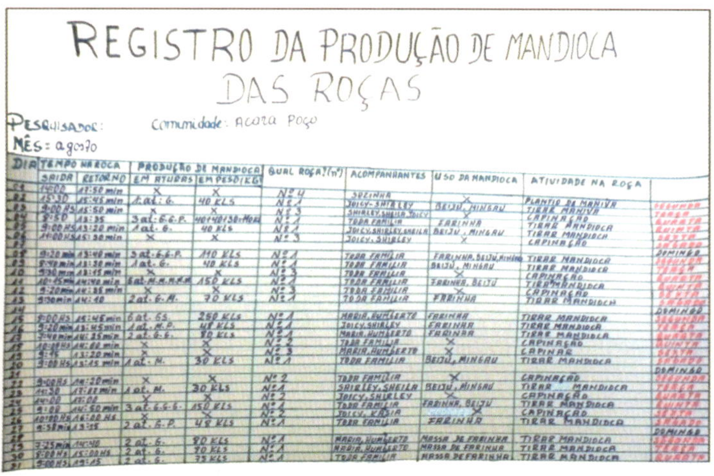

Acima Pesquisa sobre a produção de mandioca em Acará-Poço, médio rio Tiquié: Dona Oscarina e seu Rafael em sua casa de cozinha, registrando o peso de mandioca produzida; análise dos registros da produção da roça, apresentados durante uma oficina dos AIMAs.

Variações na produção

Como interpretar toda essa produção? Em primeiro lugar vemos claramente que a produção está ligada ao tempo dedicado à roça. Mas é importante lembrar que, muitas vezes, o tempo dedicado a uma roça nova só vai resultar em mandioca produzida meses depois. Igualmente, uma produção alta certo ano pode resultar de muito tempo de trabalho investido em novas roças no ano anterior. Ou seja, muito tempo dedicado à roça num certo mês não quer dizer que a produção de mandioca desse mês seja alta. Levando isso em conta, entendemos ser mais interessante olhar o período inteiro da pesquisa para analisar a ligação entre tempo dedicado à roça e produção.

O período inteiro da pesquisa aqui considerado vai de 18 de abril de 2013 até 31 de março 2017, que equivale a 1.444 dias (estamos continuando com a pesquisa até os dias de hoje, mas os dias depois de 31 de março ainda precisam ser analisados). Em pouco menos de metade desses dias alguém da família foi trabalhar na roça, sozinho ou em grupos, seja em visitas curtas ou compridas à roça: o importante aqui é que, com isso, eles totalizaram 8600 horas trabalhadas.

Podemos dizer que a família de dona Oscarina e seu Rafael dedicou cerca 8.600 horas ao trabalho na roça, produzindo um pouco mais de 21 toneladas de mandioca. Isso quer dizer que uma hora de trabalho da roça rende quase dois quilos e meio. Expressando em toneladas por hora, é preciso trabalhar 400 horas para produzir uma tonelada de mandioca. Isso corresponde a uma produção média de mais ou menos 5⅓ tonelada por ano, se transformarmos a produção total de mandioca no período monitorado (21 toneladas em 1444 dias) em toneladas por ano. Essa é a produção do casal com ajuda de três filhas e, de vez em quando, de outros familiares (no máximo sete pessoas estavam envolvidas no trabalho da roça). Provavelmente a produção de outras famílias nesse trecho do rio está mais ou menos nessas dimensões.

Produção x produtividade

Como já mencionamos, para entender a produtividade das roças do rio Negro precisamos saber não somente o tempo investido na produção, mas entender também a relação entre a produção e a área plantada. Essa relação é normalmente expressa em toneladas por hectare por ano.

Aqui também precisamos tomar cuidado e evitar simplesmente medir a área total das roças para, em seguida, comparar com as toneladas de mandioca produzidas em um ano; aqui precisamos levar em conta o fato de as roças estarem em fases diferentes de desenvolvimento (algumas estão produzindo enquanto outras, ainda não). Essa é uma diferença importante entre a agricultura industrializada e a agricultura indígena. Na agricultura industrializada, a colheita de mandioca acontece em um período muito curto, deixando a roça sem cultivo e pronta para um novo ciclo; já nas roças indígenas, produção e replantio são atividades constantes. No primeiro caso, é fácil comparar tamanho da roça e produtividade por ano. Na agricultura indígena a relação é mais complexa, e expressar produtividade em toneladas por ano por hectare deve levar em conta essa complexidade.

Por exemplo, no começo da pesquisa em abril de 2013, Oscarina e Rafael tinham uma área total de roças abertas de quase meio hectare. Essa é a soma do tamanho das quatro roças que tinham no período, que estavam em produção. Essa área era o bastante para alimentar a família naquele momento mas, para garantir o futuro, duas novas roças foram criadas, uma em junho e outra em novembro. Com tal investimento e inclusão dessas duas novas roças, ao final de 2013 o tamanho total das roças tinha praticamente dobrado. Agora, se comparamos a produção por hectare no começo do ano com aquela do final do ano, dá a impressão que a produtividade diminuiu, quando o que está acontecendo na verdade é que a área plantada é que dobrou. As roças velhas continuam tão produtivas quanto antes, mas agora entrou nos cálculos as novas roças que ainda não estão produtivas. Para evitar esse desvio ao calcular a relação entre tamanho e produção das roças, devemos contabilizar somente o tamanho das roças produtivas. Por outro lado, ao desconsideramos as roças novas nos cálculos, estamos trabalhando com uma visão de curto prazo. Podemos responder a questão: Quanto de área cultivada uma família precisa AGORA para se manter?, mas assim ignoramos a sustentabilidade de longo prazo. Afinal, uma família precisa abrir com certa regularidade novas roças para continuar produzindo o suficiente. Para saber a produtividade sustentável, precisamos levar em conta todas as roças, tanto as novas quanto as velhas e já produtivas.

A melhor solução para esse dilema é acompanhar a produtividade das roças durante um período de vários anos, como estamos fazendo em Acará-Poço. Assim podemos acompanhar cada roça, do começo até seu abandono, para entender melhor a relação entre tamanho e produtividade.

Linha do tempo da área cultivada nas roças de dona Oscarina e seu Rafael

Ao criarmos uma linha do tempo da área cultivada da família de dona Oscarina e seu Rafael, podemos observar a seguinte dinâmica.

Começo da pesquisa em abril 2013 – a área cultivada era de quase meio hectare, dividida em quatro roças. No final do ano isso mudou, tinham cerca um hectare a mais no total de seis roças, quatro delas produzindo e duas ainda não.

Final de 2014 – com mais uma roça, a família tinha sete roças, sendo cinco em produção (cerca de 1⅓ hectare plantado, com ¾ hectare em produção).

Números da pesquisa com Rafael e Oscarina

Produção de mandioca em quantidade
406 horas/tonelada

Produção média por ano da família pesquisada
+ 5⅓ tonelada/ano

Área total cultivada em 1.444 dias (período da pesquisa)
2 hectares (aproximado)

Limites da área cultivada durante o período da pesquisa
0,46 ha (começo 2013) até 1,64 ha (final 2016)

Limites da área em produção durante o período da pesquisa
0,23 ha (começo 2017) até 1,07 ha (final 2016)

Quantidade de roças no total de 1.444 dias
10 roças

Menor número de roças da família durante a pesquisa
3 roças

Maior número de roças da família durante a pesquisa
7 roças

A pesquisa em resumo

Resumindo a pesquisa com seu Rafael e dona Oscarina, podemos dizer que a quantidade de roças da família oscilava entre três a sete. A área plantada oscilava entre um pouco menos de meio hectare (0,46 ha) até um pouco mais de um hectare e meio (1,64 ha), enquanto a área em produção varia de um pouco mais de um quinto de hectare (0,23 ha), em abril desse ano, até um pouco mais de um hectare (1,07 ha) em 2016. Durante todo o período da pesquisa, um pouco mais de 21 toneladas de mandioca foram tiradas de um total de nove roças com uma área total de um pouco mais de um hectare e meio (1,53 ha). Uma décima roça ainda não está produzindo.

O peso médio de uma aturá com mandioca é 27 kg podendo chegar no máximo a 50 kg. O tempo de trabalho na roça por dia varia bastante, entre pouco mais de uma hora até um pouco menos de oito horas, ficando em geral entre esses dois extremos.

Final de 2015 – três das quatro roças do começo da pesquisa foram abandonadas para virar capoeira, enquanto uma nova roça bem pequena foi acrescentada. Agora a área cultivada e produzindo mandioca, em cinco roças, estava um pouco acima de um hectare.

Em 2016 – duas roças novas foram acrescentadas, uma já começando a produzir no final do mesmo ano, enquanto outra foi abandonada para virar capoeira. No final desse ano a área total cultivada era de pouco mais de um e meio hectare, dividida em seis roças, totalizando um hectare em produção.

Primeiros três meses de 2017 – chegamos no final do período de nossa pesquisa com a seguinte situação: duas roças pararam de produzir já em 2016, enquanto uma terceira deu uma última safra no dia 02 de janeiro. Nesse momento dona Oscarina e seu Rafael tinham três roças, sendo duas em produção com uma área total de pouco mais de um quinto de um hectare, mais uma roça nova de cerca de meio hectare.

Considerações finais

Com o novo projeto, outros pesquisadores e, mais importante, pesquisadoras (porque a agricultura é em geral uma atividade sobretudo feminina) serão envolvidos, e alguns aspectos da pesquisa serão aprofundados.

Por exemplo, na pesquisa apresentada estamos trabalhando com apenas uma família. Numa pesquisa como essa, quanto mais famílias participarem, melhor, e de preferência famílias com composições diferentes e trabalhando em diferentes tipos de solos, permitindo fazer comparações e entender melhor a situação geral da agricultura indígena do rio Negro.

Precisamos também pesquisar o tempo investido no processamento da mandioca, e a produção de produtos à base de mandioca bruta. Além de incluir na análise a produção de outros produtos da roça, como cará, abacaxi, banana e tantos outros.

Esse texto sobre a produtividade das roças em Acarápoço é o primeiro deles. Na próxima edição alguns aspectos serão aprofundados, como o ciclo de cada roça enfocada na pesquisa. Três delas foram acompanhadas em seu ciclo completo de derrubada, queima, plantio, crescimento, produção e abandono / encapoeiramento. É uma oportunidade de entender melhor essa dinâmica. Outro aspecto é a alocação de tempo nas diferentes tarefas da roça, quanto tempo é dedico ao plantio, à limpeza da roça e coleta da mandioca, ponderado por gênero e faixa etária.

Além da pesquisa com Oscarina e Rafael, outras pesquisas sobre agricultura foram realizadas. "Roças Indígenas" foi o tema da pesquisa da escola Tukano Yupuri, enquanto as capoeiras (que fazem parte do ciclo agrícola e podem ser consideras pousios florestais) foram estudadas na Escola Tuyuka Ʉtapinopona. E tem outras pesquisas. Nas próximas edições vamos ler mais sobre isso ■

casa fria de transformação

Conhecedores indígenas, lideranças e antropólogos viajaram juntos pelo rio Negro, desde sua foz em Manaus até a cidade de São Gabriel da Cachoeira, para revisitar locais importantes sempre relembrados nas narrativas de origem do mundo e da humanidade. Em Airão Velho, no baixo rio Negro, surgiram os benzimentos para o manejo do clima

Higino Pimentel Tenório narração, tradução, mediação com os conhecedores indígenas
Aline Scolfaro redação

□No começo do mundo, período em que a humanidade se transformou, já existiam os ciclos de mudança do tempo, os dias mais quentes e os mais frios. Os ancestrais da humanidade, continuadores da criação, já sabiam da existência da Casa Fria de Transformação, onde estavam guardados os elementos necessários para o manejo do clima aqui nesse mundo.

Foi durante a trajetória a bordo da Canoa da Transformação que os primeiros ancestrais chegaram a essa Casa, onde sentiram-se confortados por seu clima ameno. Chamaram-na de "Casa Fria". Depois souberam ser a Casa de *Wʉrʉ Oãkʉ*, o Deus Preguiça, Avô do Frio, responsável pelo equilíbrio climático e resfriamento da Terra desde o começo do mundo. É ele quem até hoje envia a friagem que chega às cabeceiras do rio Negro e afluentes entre os meses de maio e julho, amenizando o calor dos meses de verão anteriores.

Ao lado Petroglifos em Airão, baixo rio Negro.

Essa friagem, bem como o próprio Avô do Frio, é o que chamam de *Aru* na região de São Gabriel da Cachoeira. Contam que todos os anos nesse período ele sai de sua Casa, sobe o rio Negro e seus afluentes em sua canoa, e chega até as cabeceiras. Vai remando e carregando suas esteiras de pari, peneiras e cuias, além de seu grande puçá por onde passam as gotas de chuva fina que pulverizam a água-remédio sobre a terra, amenizando o calor e purificando o ar abafado da floresta.

Quando os primeiros ancestrais saíram do Lago de Leite no extremo leste da terra, para percorrer a rota que os levaria aos territórios a eles destinados pelo Avô do Universo, já sabiam que encontrariam essa Casa, onde justamente iriam se apropriar dos conhecimentos para manejar o clima e resfriar o calor. Assim, chegando ao local de clima ameno e agradável, tiveram a certeza de que essa era a Casa Fria.

Em busca das Casas de transformação ancestral

O mesmo aconteceu com o grupo de conhecedores que embarcou nas expedições do projeto Mapeo[1] para refazer e documentar parte dessa rota de transformação ancestral. Foram duas expedições: uma pelo rio Negro, desde sua foz em Manaus, até a foz do rio Curicuriari abaixo de São Gabriel da Cachoeira; e outra que partiu de São Gabriel, entrou pelo rio Uaupés e subiu até a cachoeira de Ipanoré, local onde os primeiros ancestrais emergiram nesse mundo como humanos, passando a povoar o território onde hoje vivem os diversos grupos da família linguística Tukano.

1 Projeto executado pelo ISA e FOIRN, com apoio e parceria do IPHAN e instituições colombianas, visando a valorização e salvaguarda dos lugares sagrados dos povos indígenas do rio Negro.

A Casa Fria de Transformação, assim como inúmeros outros lugares importantes ao longo da rota ancestral, é sempre citada nas narrativas de origem, nos procedimentos de cura e proteção das pessoas e nos rituais relacionados aos ciclos ecológicos. Nesses lugares específicos ao longo do extenso trajeto percorrido pela cobra-canoa, os ancestrais obtiveram determinados elementos, saberes e práticas fundamentais para a vida futura de seus descendentes.

Por isso, esses são lugares chamados de Casas de Transformação dos ancestrais. Hoje, nas cerimônias e benzimentos de proteção, os *kumua* (benzedores) viajam em pensamento até esses lugares, retirando daí as potências e os elementos necessários para curar o mundo e proteger as pessoas. São viagens seguindo um mapa mental-espiritual, por dimensões que os *kumua* conhecem muito bem.

Grande parte desses lugares são reconhecidos pelos conhecedores na geografia, mesmo sem nunca terem estado aí fisicamente; já as Casas mais distantes do território de ocupação atual não possuem uma identificação tão clara. São locais citados nas entoações rituais, nos benzimentos de proteção e visitados pelos *kumua* e pajés em pensamento, mas que muitas vezes não possuem uma identificação exata. Assim, fazer seu reconhecimento e identificação foi um dos desafios encarados pelos conhecedores participantes das expedições do projeto Mapeo. Desafio que marcou sobretudo a primeira expedição pelo baixo e médio rio Negro (2013), região mais distante dos territórios onde vivem atualmente os grupos da família Tukano. Na segunda expedição, essa não chegou a ser uma questão, pois tratava-se de um território mais familiar e muitos dos moradores atuais dessa região conhecem as histórias e mesmo os lugares a que se referem.

A Casa Fria de Transformação foi visitada durante a primeira expedição, em 2013. Os conhecedores já sabiam que encontrariam essa Casa, mas não tinham certeza de seu ponto exato. Alguns disseram saber que ela ficava próxima ao povoado de Airão Velho, no baixo rio Negro, mas que seria preciso chegar lá para procurar os sinais. No dia em que a expedição chegou a Airão veio o primeiro sinal: o tempo virou, começou a chover e a temperatura caiu. Depois, com o apoio do arqueólogo Raoni Valle, que tem boa familiaridade com a região, os conhecedores chegaram ao sítio arqueológico Ponta São João, um pedral repleto de petróglifos bem próximo ao povoado. Foi aí que tiveram a certeza de que essa era mesmo *Wʉrʉ Oãkʉ Wii* (Casa do Deus Preguiça), ou Casa do Avô do Frio, ou Casa do Aru. Nas figuras gravadas nas pedras, os conhecedores identificaram vários sinais que os levaram a essa confirmação: o remo, a canoa e a própria imagem de *Wʉrʉ Oãkʉ*.

Manejo do clima

Foi nessa Casa que os primeiros ancestrais se apropriaram dos conhecimentos e *curaciones* para amenizar o clima na terra: *Wʉrʉ Oãkʉ* ou Aru, dono dessa Casa e Avô da Friagem, controla o clima na região do rio Negro pois detém as esteiras, peneiras, *bati* (cestos), cuias e puçá por onde passa a chuva fina que resfria e purifica o clima.

Durante o verão, os *kumua* fazem *curaciones* para acalmar o calor. Benzendo e curando o mundo, viajam pelo plano espiritual do cosmos – uma viagem pelo espaço-tempo ancestral. E quando chegam à Casa Fria, Casa de *Wʉrʉ*, retiram dali os elementos que utilizam para resfriar o clima e também o coração das pessoas. Nessa Casa eles dizem:

"Nossa terra de transformação de clima ameno e saudável. Nosso solo de transformação de clima ameno e saudável. Nossa casa de transformação de clima ameno e saudável. Esteios, caibros e cobertura de nossa casa de clima ameno e saudável. Nosso banco de vida de clima ameno e saudável. Nossa cuia de vida de clima ameno e saudável. Nosso suporte de cuia da vida de clima ameno e saudável. Nosso tabaco de vida de clima ameno e saudável."

O poder do pensamento e da palavra são ações do *kumu*. São também as ações dos primeiros ancestrais, fala-ação com que manejam o mundo. Para os *kumua*, a estrutura dos conhecimentos está na cosmologia do universo, nas narrativas de origem, nos lugares sagrados, na origem da natureza.

Os benzimentos para acalmar o calor e amenizar o clima na Terra são também utilizados para curar as pessoas que sofrem de dores de insolação e exaustão pela temperatura elevada. Também servem para acalmar agonia, stress, cansaço e desânimo excessivos. Nesses casos o benzedor utiliza igualmente esses elementos da Casa de *Wʉrʉ̃* (Aru), pulverizando a brisa-remédio sobre o doente. Assim dizem:

"Abaixo desse rio de transformação vive Aru do Frio... é dele a cuia de água amena curativa... é dele a cuia de água remédio... cuia de vida dele vai apagar o calor do sol... cuia de vida dele vai apagar o calor do fogo de gente árvore... o calor do fogo de paricá... o calor do fogo de gente-peixe... são fogos de cor vermelha, branca e azul... a água amena e fria acalmará as entranhas da pessoa..."

Acima Petroglifos em Airão, baixo rio Negro

E continua:

"São dele [Aru] as esteiras amenas e frias de ouro... as esteiras amenas e frias de quartzo... são dele esteiras amenas e frias de inajá... esteiras amenas e frias de jupati... esteiras amenas e frias de paxiúba... esteiras amenas e frias de caraná... esteiras amenas e frias de palha branca..."

O *kumu* estende essas esteiras no chão da casa, depois cerca e forra toda a casa com as mesmas esteiras. Faz isso com seu pensamento, soprando em cima do breu, soprando com cigarro. Depois defuma a casa, para amenizar e esfriar o ambiente e para os doentes se sentirem curados, confortados e aliviados.

Também o orvalho da manhã e as estrelas são aliados dos *kumua* em seus procedimentos para acalmar o calor da Terra e o coração das pessoas. Para eles, o orvalho da manhã é a saliva das estrelas e das constelações, contendo propriedades curativas. Nas grandes *curaciones*, citam o que é da terra: as Casas de Transformação, a Casa do Aru do Frio. Depois citam o que está na camada do céu: as Casas do Céu, as estrelas, as constelações. Assim eles dizem:

"Há aqueles que vivem na boca do rio, Gente Frio [*Wʉru* ou *Arʉ*]... e há os que vivem no mundo de cima ...está lá no céu a Estrela da Manhã (*Boreaka*), constelação Cabo de Enxó, constelação Jirau de Peixe, constelação *Ñokoãtero* (plêiades grande), constelação *Asipikã*...; tem também a estrela do poente, Anta Ouro... são delas as cuias de água remédio, amena e fria... Todos eles são Gentes do Frio... são deles as esteiras amenas e frias, que são esteiras de ouro, de quartzo... esteiras amenas e frias de inajá... esteiras amenas e frias de jupati... esteiras amenas e frias de paxiúba... esteiras amenas e frias de palha branca... esteiras amenas e frias de caraná... são deles as peneiras, cestas de cipó, que contém água-remédio, amena e fria..."

São essas esteiras que o *kumu* estende sobre a Terra. O *kumu* estende as esteiras ou paris no espaço dizendo: "O ambiente será ameno, frio e saudável e o espaço será ameno, frio e saudável". Essas esteiras são como filtros barrando a porção maléfica dos raios do sol. Também as cuias que ele vai buscar com Aru do Frio e com as estrelas, contendo água remédio e amena, ele as despeja no ambiente para esfriar as casas, a terra, as plantas, os rios e as casas de transformação da humanidade.

Contexto atual e desequilíbrio climático

Hoje em dia, com o enfraquecimento das práticas rituais e abandono das grandes cerimônias na maior parte do território do alto rio Negro, esses benzimentos vêm sendo realizados em contextos discretos e numa esfera mais doméstica. Os *kumua* os utilizam sobretudo para curar pessoas e resfriar ambientes. Mas no tempo em que todos viviam em malocas e realizavam as grandes cerimônias coletivas que marcam as passagens das estações e dos ciclos ecológicos, esses benzimentos eram mais poderosos: com eles os *kumua* manejavam o clima e mantinham o mundo em equilíbrio. Dizem os velhos que esse enfraquecimento dos rituais tem contribuído para o atual desequilíbrio climático que estamos vivendo, com os dias ficando cada vez mais quentes e as estações cada vez mais imprevisíveis. Como disse o senhor Antonio Lima, conhecedor tuyuka do alto rio Tiquié e um dos participantes das expedições do projeto Mapeo:

"Os ancestrais eram poderosos, tinham poder de organizar o universo. Foram eles que organizaram essa dinâmica do mundo. Mas agora os dias mudam a cada tempo porque nós não temos mais os sábios benzedores como antes. Dá para perceber que o mundo mudou muito porque hoje não praticamos mais algumas das cerimônias e benzimentos que eles ensinaram para a humanidade."

Sem benzedores e rituais o mundo se desorganizaria, pois são esses conhecimentos e práticas que garantem o equilíbrio do mundo e da vida em geral. Enquanto as atuais gerações dos povos do rio Negro atualizam as maneiras de manter ou cuidar dos ciclos ecológicos e do controle das enfermidades, os não-indígenas não apenas atacam predatoriamente o planeta, como também atacam aos povos indígenas, desconsiderando seus saberes milenares. Não se dão conta de que o futuro deles está intimamente ligado ao futuro dos povos indígenas■

forma e conteúdo dos *bahsese* Ye'pamahsã, encantamentos tukano para a terra-floresta

Síntese de sua dissertação de mestrado em Antropologia, Dagoberto discute conceitos centrais do pensamento tukano, principalmente referentes à organização e aos cuidados com o espaço *terra-floresta*, a partir do conjunto dos encantamentos. Ao mesmo tempo, conta sua trajetória como antropólogo tukano

Ñahuripõrʉ Dagoberto Lima Azevedo texto
Feliciano Lana ilustração

□Dos domínios do conhecimento dos *kumuã* Ye'pamahsã, isto é, da tríade conceitual e cosmológica *kihti ukuse* (narrativas e falas importantes), *bahsese* (benzimentos ou encantamentos) e *bahsamori* (cantos cerimoniais), abarco principalmente o *bahsese*. Em seguida, através das narrativas mítico-históricas situo o espaço *Di´ta Nʉhkʉ*, (terra-floresta) lançando um esforço descritivo sobre a forma e o conteúdo desse espaço *Di´ta Nʉhkʉ*: explicito uma classificação dos seres (humanos e não-humanos) extraída dos agenciamentos dos especialistas *kumuã*; procuro demonstrar como a prática dos *bahsese* equilibra e sustenta, classifica e ordena seres e coisas no espaço *Di'ta Nʉhkʉ*; e abordo como o pensamento Ye'pamahsã mantém a circulação ordenada e harmônica e o bem-estar entre os seres sobre a plataforma terrestre. Esses conhecimentos encadeiam uma reflexão particular sobre instituições e formas de vida Ye'pamahsã, indissociáveis do princípio da dignidade da pessoa humana.

Ao lado Suporte de cabaça, usado nos rituais para deixar cabaça de ipadu benzido pelo kumu.

Trajetória da canoa de transformação escolar e acadêmica

Meus leitores e minhas leitoras de *mahsã mami kura* (grupos de irmãos maiores), *dehkokaha kura* (do grupo de irmãos do meio) e *yapatiri kura* (grupo de irmaõs menores) Ye'pamahsã; e meus leitores e minhas leitoras de *utamorimahsã* (sogros (as) e cunhados (as) afins):

Quero começar a conversa apresentando minha trajetória da "canoa de transformação" escolar e acadêmica na casa dos *Pehkasã* (não-indígenas). Sou *Ñahuriporʉ̃*, de nome *Suegʉ* Dagoberto Lima Azevedo, da comunidade Pirarara-Poço, do médio Rio Tiquié. Foi nessa comunidade a minha formação de alfabetização de abc e dos números naturais do *pehkasʉ̃* (não-indígena) e outros, até a 4° série sob orientação e acompanhamento do filho do meu *mẽ* (tio) *Ñahuripõrʉ̃* Luciano Azevedo, Manuel Aguiar Azevedo que era meu *nihã* (irmão menor). Este foi ex-aluno interno na missão dos *paíya* (padres) salesianos em Pari-Cachoeira. Já na minha época escolar, conhecida como escola rural implementada pelo município sob direção das paíya *numiã* (irmãs Filhas de Maria Auxiliadora). Lembro muito bem, mesmo a escola estando na comunidade e o professor sendo do meu grupo *Ñahuriporʉ̃*, a supervisão era sob olhar e pensar metódico do não-indígena. Do ensino fundamental (5ª a 8ª) ao ensino médio, fiz nas missões de Pari-Cachoeira (1995-1998) e Iauaretê (1999-2000). Nesses centros missionários pude conhecer mais outros grupos falantes de línguas indígenas, pois éramos alunos Ye'pamahsã, Desana e Hup'däh que dominavam muito bem a língua Ye'pamahsã, e menos a língua portuguesa.

Em todo o período escolar fui acompanhado da língua portuguesa, que entendia muito bem mas querer falar essa língua parecia uma angustia; na minha casa com meus pais, meus irmãos e outros de convivência fora da escola mantive o uso da minha língua. Havia em mim um sentimento de *bohpayase* (vergonha) e *puetise* (sofrimento) quando chegava a vez da minha apresentação do trabalho escolar frente dos meus colegas de classe. Sofri, mas com esforço pessoal e incentivo dos familiares superei e avancei para outro espaço chamado de universidade, na qual cursei filosofia (2005 a 2008), na Universidade Católica Dom Bosco, em Campo

Grande, finalizando na Faculdade Salesiana Dom Bosco, em Manaus. Nessa "maloca" se encontravam pessoas vindas de vários estados brasileiros com suas origens paternas e histórias diferentes. Eu os considerava e os via como *pehkasã* (brancos). Ao serem perguntados, alguns conheciam suas origens, sua história; alguns simplesmente diziam desconhecer de onde vieram seus pais e quem eram; outros diziam somos da periferia de tal cidade, de tal estado. Em certa ocasião da minha apresentação da disciplina Ciências Sociais, iniciei a minha fala pelo Rio de Janeiro, Bahia da Guanabara, que os Ye'pamahsã consideram, em seu *kihti ukũse* (narrativas históricas/míticas), o começo de seu espaço de Di'ta Nʉhkʉri , indo até Aruãrĩ Utú na bacia do rio Uaupés. Na exposição me dirigi à baia de Guanabara, que no conhecimento *Ye'pamahsã* é *Õ'peko Di'tara* (Lago de Leite Materno). Todos os não-indígenas presentes na aula murmuraram entre eles, outros deram risadas, a professora disse desconhecer e que isso foi novidade para ela. Esse acontecimento me levou a pensar que a universidade seria uma instituição onde unicamente as rígidas normas da ciência dominavam. Isto é, que ela existe para reproduzir os conhecimentos "científicos", sem se abrir para os outros modos de conhecimento. Que ela, por si, não está interessada em abrir portas para os outros conhecimentos. Universidade é uma casa da ciência. Todos os cursos, sejam de graduação ou pós-graduação, que se concentram aí, estão a serviço da ciência considerada o conhecimento universal, englobante, a verdade maior.

Pois então, inquieto com o que ocorreu comigo na graduação em filosofia, ingressei na pós-graduação em antropologia social na Universidade Federal do Amazonas (2014). Antes disso, entre 2009 a 2013 atuei como colaborador da Associação Indígena do Médio Tiquié (ACIMET) e do Instituto Socioambiental (ISA). Atualmente, sou doutorando na UFAM, na mesma área de antropologia que vim abarcando desde 2014, junto com ahkawererã Ye'pamahsã (parentes) e com ʉ̃tamorimahsã mestrandos e doutorandos do Alto Rio Negro. Estamos numa luta incessante de Davi contra Golias. Sempre pautamos que os conhecimentos indígenas sejam vistos e considerados de fato, em seus próprios fundamentos conceituais e lógicas no kihti ukũse e no bahsese. Esse trabalho é estilingue de Davi. Nem por isso deixaremos de lutar, e vamos ao conteúdo do texto para mostrar nossa ciência indígena. Pois estamos no Coração do Amazônia.

Qual é a forma do *bahsese*? Qual é o conteúdo do *bahsese*?

O título do texto pode ser que tenha colocado inquietações para os meus leitores. O que é, qual é a forma e o conteúdo do conjunto dos *bahsese*? Forma é tudo que diz respeito aos procedimentos do *kumu* no ato do *bahsese*. Como ele executa os *bahsese*. Se usa algum *behsu* (veículo) – objeto, pedra, planta, liquido, resina vegetal – ou se não usa nada disso, apenas fecha os olhos e se concentra na comunicação com os *waimahsã*. E quando digo conteúdo, refiro-me a toda a digressão narrativa da origem e da trama protagonizadas pelos demiurgos sobre certas doenças, e outros que podem ser falados em voz alta no momento de transmissão destes conhecimentos aos seus sucessores no círculo da coca, no acompanhamento dos trabalhos e em outros momentos. Na ausência de seus companheiros, ele apenas se concentra, solitário, e pratica o *tʉoñase* (pensamento e reflexão) por si só.

Ainda surge mais uma inquietação em torno do conceito do *bahsese*? Onde está sua explicação, explanação para compreender o que diz essa palavra de fato no entendimento, na compreensão do Ye'pamahsã? Pois bem, *bahsese* é o conjunto de elementos de comunicação com *waimahsã*, lógica e sistematicamente estruturado apesar da circulação oral entre os conhecedores. O *bahsese* é tanto o repertório de palavras, expressões e discursos que possibilitam a comunicação de um conhecedor especialista (*kumu*, *yai*, *baya*) com os *waimahsã*[1], como a capacidade de proteção ou agressão, capacidade ainda de invocar elementos curativos contidos nos diferentes tipos de vegetais, animais, minerais, objetos etc. com vistas à assepsia dos alimentos. Arte de domínio dos velhos conhecedores, traduzida literalmente pelo termo cristão "benzimento", o conteúdo cosmológico do *bahsese* vai muito além, remetendo-nos ao plano de imanência conceitual Ye'pamahsã. Extravasa, portanto, em muito, os limites católicos literários impostos no alto rio Negro. O *bahsese* é um repertório de palavras com poderes de destruição e de comunicação extra-humana. Elementos como a água, o tabaco, o breu (resina vegetal), o sal, a pimenta, a urtiga e o urucu podem ser utilizados como veículo dessa comunicação. O *bahsese* é categorizado em três tipos: *waimahsãya turiwetidarese* (comunicação e interação com *waimahsã*), *mahsãya turi bahsese wetidarese* (relação e interação entre os humanos) e *baase bahse a'kase* (assepsia de alimentos).

O primeiro tipo de *bahsese*, ***waimahsãya turi wetidarese***, nos permite classificar os diferentes espaços ou patamares do cosmos Ye'pamahsã – *wamʉdia* (subterrâneo), *di'ta nʉhkʉ* (terra-floresta), *ome pa'ti (aéreo)* e *ahko pa'ti (aquático)* – a partir dos quais identifica-se ambientes menores, onde habitam e atuam os *waimahsã*. Esse tipo de *bahsese* nos fornece a chave da taxonomia Ye'pamahsã dos elementos que compõem os espaços e ambientes, a exemplo dos tipos de terra, das unidades de paisagem e vegetação, dos grupos de animais de caça, dos peixes, dos frutos. Essa é uma prática de *bahsese* de prevenção, proteção e interação contra os ataques dos *wiorã* (donos dos lugares) que olham, cuidam e vigiam seus *waikʉrã* (animais) e *yukʉ dʉhka* (vegetais) que vivem e habitam no espaço *Di'ta Nʉhkʉ*. Esta interação é fundamental para controlar determinadas doenças/ataques, que são lançados pelos *waimahsã* (super-humanos) tomando os animais, o ar e vegetais/frutas como *behsʉ* (o veículo de ataques): esses ataques

1 Estes são seres que habitam e protegem os lugares (ambientes/espaços), suas moradas, e com quem os humanos mantêm um constante vínculo, uma vez que deles depende o bem viver.

Estrutura do *Bahsese* Ye'pamahsã

- ***Bahsese*** Benzimentos
  - **1. *Waimahsãya turi wetidarese*** comunicação com *waimahsã*
    - **1. *Ome pa'ti*** (espaço aéreo)
    - **2. *Di'ta nʉhkʉ pa'ti*** (espaço terra-floresta)
    - **3. *Ahko pa'ti*** (espaço aquático)
    - **4. *Wamʉdia*** (espaço subterrâneo)
  - **2. *Mahsaya turi bahse wetidarese*** comunicação entre humanos
    - **1. *Wetidarese*** (benzimentos de proteção)
    - **2. *Doatise bahsese*** (benzimentos de cura)
    - **3.*Ʉsero Pehtise*** (agressão/feitiço)
  - **3. *Baase bahse a'kase*** assepsia de alimentos
    - **1. *Waikʉrã*** (animais terrestres/aéreos)
    - **2. *Yukʉdʉhka*** (vegetais)
    - **3. *Diakahrã*** (aquáticos)

são *Waimahsã wêhse* (ataques/agresão *dos waimahsã*). Assim às vezes acontecem acidentes na derrubada da roça, quando árvore em derrubada pode cair em cima da pessoa e ferir gravemente, matar ou deixar doente; ou acontece uma queda da pessoa da fruteira silvestre, na falta de comunicação com o *waimahsã*; ou o consumo de ucuqui sem *baase bahse ehkase* pode causar crise epidérmica aguda de coceira.

O segundo grupo, ***mahsãya turi bahsese wetidarese***, é constituído pela natureza das relações entre os humanos em seus espaços de circulação como a casa, a roça, as visitas e os caminhos. São eles: *wetidarese* (*bahsese de proteção*), *doatise bahsese* (benzimento de cura) e de *ʉseró behtise* (agressão). Para manter as relações sociais equilibradas através de uma ação de proteção e harmonização das relações entre as pessoas, faz-se *bahsese* de *wetidarese*, que consiste na prevenção e proteção dos ataques de *wahparã* (os inimigos) ou dos *ñarô tʉoñase* (as má-intenções) de potenciais inimigos. Essa categoria de *bahsero* está relacionada ao campo de relações e convívio entre humanos. Assim, quando um grupo de *po'orimahsã* (grupo visitante/ofertante no *po'ose*, dabucuri) está a caminho da casa dos anfitriões do *po'ose* no último pernoite, o *kumu* faz e aciona *bahsero wetidaro*, onde desarma, acalma o eventual espírito de hostilidade e potências de conflito; sensibiliza e fortalece o clima ameno, alegre e festivo nos anfitriões lembrando a eles que se trata de encontro entre *nikʉporã* (filhos de uma única origem). Também se faz *bahsero wetidaro* quando se visita os *ahkawererã* (parentes consanguíneos) ou os *mañekʉsʉmʉã* e *peñarã* (os sogros e cunhados): para neutralizar o potencial de agressões verbais e físicas; fazer esquecer as más lembranças de *ukahsé* (rumores, difamações e crítica maledicente) e proporcionar uma recepção calorosa, amigável, festiva e alegre.

O terceiro e último grupo, ***baase bahse a'kase***, diz respeito ao *bahsese* de cuidado e assepsia dos alimentos de origem animal ou vegetal, provenientes dos mais diferentes lugares (espaços, tipos de terra, de plantas) e atividades – caça, pesca, agricultura, coleta e até mesmo de produtos industrializados. É no conteúdo do discurso desse tipo de *bahsese* que encontramos uma lógica Ye'pamahsã de agrupamento dos animais de caça, peixes e vegetais comestíveis. Aqui estão presentes os espaços por onde circulam os animais, suas características físicas, comportamentais e habilidades, suas formas de alimentação, seus predadores, parasitas etc. Atualmente os alimentos e comidas industrializados (carnes de frango e boi, enlatados, arroz, feijão, pão, leite e leite em pó, açúcar, café, refrigerantes e bebidas, frutas como maçã, pera, uva, verduras) também passam pela ação do *bahsero*.

O espaço *Di´ta nʉkʉ* pela lógica do *bahsese*

O espaço *Di'ta Nʉkʉ* é um conjunto formado por terra e floresta, fauna e flora associadas com os diferentes tipos de terra (tipos de solo) e diferentes tipos de vegetais. De igual modo veremos mais adiante que a distribuição dos *waimahsã* do espaço *di'ta nʉhkʉri* também está associada aos diferentes tipos de terra e de vegetais. Assim, no buritizal, o *Nee mahsʉ* (Homem Buriti) é o dono/chefe deste espaço.

O espaço *Di'ta Nʉkʉ* (*Espaço Terra/Floresta*) é constituído por: *yukʉ bʉkʉro* (floresta madura/velha); *wiakaro* (capoeira); *tataboa* (floresta sobre areia); *diakoe* (igapó) e *tari* (chavascais). O *yukʉ bʉkʉro* caracteriza-se pela formação *di'ta ñiro* (terra-preta), *omã di'ta* (terra piçarrenta) *e dita waharo* (terra arenosa amarelada). Essas terras/solos quando cultivadas produzem fartamente e a colheita é sempre boa. Além desses, temos *pahsí di'ta* (tabatinga), *nukupori di'ta* (terra-arenosa-branca) e *di'ta soãro* (terra-vermelha). O igapó é um espaço importante, com terra argilosa e presença de uma fina camada de areia. Nele se encontra a maior parte das árvores frutíferas que alimentam os peixes nos períodos de chuva, e também se encontram matérias-primas para o fabrico de artefatos de uso cotidiano. Os espaços com terra úmida, em algumas áreas mais encharcadas ou completamente submersas com solo preto argiloso chamam-se *tari* (chavascais). Esses espaços também são reserva de frutos comestíveis, principalmente palmeiras como o açaí e o buriti. As concentrações dessas palmeiras formam o *mihpitá* (açaizal) e o *ne'tá* (buritizal). Outras palmeiras também são importantes aqui, como caranás que servem para cobertura das casas, mas cujos frutos não são consumidos. Esse espaço chama-se *muhitá* (caranazal). O *wʉta* (arumazal) faz parte do *tari*, donde se extrai arumã para fabrico de vários artefatos de cestarias, oferecendo ainda vários tipos de cipó para armação da casa. Para calafetar canoa e para uso do *bahsese*, os Ye'pamahsã procuram os pés de breu que se encontram no espaço chamado *ohpetarí*. Mas devo destacar, esses espaços (*wʉtá*, *ohpetá* e *mihpitá*) encontram-se também ao redor da *yukʉbʉkʉro*, *tataboha*, *diakoe*, *wiakaro* e *tari*. Cada um deles ocupado por seres distintos, classificados de acordo com as características gerais e suas propriedades. Todos esses lugares, é importante frisar, são casas de *Waimahsã*.

Distribuição do Espaço *Di'ta Nʉhkʉ*

- ***Di'ta Nʉhkʉri*** Esp. terra-floresta
  - ***Darabaase*** Cultiváveis
    - ***Yukubʉhkʉro*** (floresta madura)
      - *di'ta wahari nʉhkʉ*
      - *di'ta soãri nʉhkʉ*
      - *omãida di'ta nʉhkʉ*
      - *di'ta wehta nʉhkʉ*
      - *di'ta ñiri nʉhkʉ*
    - ***Wiakaro*** (capoeira)
      - *Mamawiakaro* (capoeira nova)
      - *Buhkuwiakaro* (capoeira antiga)
  - ***Darabaatise*** Cultiváveis
    - ***Tataboa***
      - *Okotiro* (encharcado)
      - *Bohporo* (seco)
    - ***Diakoe*** (igapó)
      - *Marĩ sumuto* (margem dos rios)
      - *Dihtara sumuto* (na redondeza dos lagos)
      - *Mariãka sumuto* (nas beiradas dos igarapés)
    - ***Tari***
      - *Muĩta* (caranazal)
      - *Mihpĩta* (açaizal)
      - *Neeta* (buritizal)
      - *Ohpeta* (breuzal)

Wearimahsã

A composição dos seres

Os seres habitantes do espaço *di'ta nʉkʉ* são classificados em duas categorias distintas: *nʉhkʉri mahsã* (floresta-gentes = gente floresta), seres invisíveis (espíritos com morfologia humana ou humanoide); *yukʉ mahsã* (árvores-gentes = gente árvore) seres visíveis (espécies animais e vegetais). Todos eles, no conhecimento dos *Ye'pamahsã*, são *waimahsã*.

Os *nʉhkʉri mahsã*

Os *nʉhkʉri mahsã* são normalmente invisíveis, mas podem aparecer em algumas ocasiões, por exemplo, quando uma pessoa entra na floresta sem os devidos cuidados do *bahsero* de proteção. Esses *bahsese* de proteção, no conjunto, são situados em uma categoria abrangente denominada ***wetidarero***, que se compõe simultaneamente e na sequência das ações de *wetiro* (proteção da pessoa), *nisiosé* (voltados para abrandar, acalmar a eventual raiva e vontade de revide ou agressão dos *waimahsã*) *e kamotasé* ou proteção e "blindagem" por *imisari* (paris) invisíveis antes das atividades de abertura, derrubada, queima de roças e coleta de plantas e frutos da floresta como caraná e buriti.

Na ausência do procedimento de proteção e prevenção por meio do *wetidarero*, os *nʉhkʉri mahsã* podem, na forma de uma aparição repentina, surgir à visão e ao contato da pessoa humana que adentrou no seu espaço-domínio e causar *eheriporã bahtase*, um susto, isto é, ruptura, rompimento da vitalidade humana coração/vida e causar uma série de distúrbios no estado da pessoa, tanto corporal (dores, enfraquecimento corporal), quanto mental (medo, angústia, obsessão da imagem da figura não humana que apareceu à pessoa); os seres raptores ***wearimahsã***, "aqueles que aliciam e raptam", podem também enganar e raptar uma pessoa fazendo-a desaparecer por um tempo ou de maneira definitiva.

Os *nʉhkʉri mahsã* podem assim causar doenças caso não se cumpra com as normas e etiquetas adequadas do *betise* antes de entrar nesses espaços-domínios, todos povoados de diferentes tipos de *nʉhkʉri mahsã* e cada qual com um dono maior.

Outra categoria de *nʉhkʉri mahsã* inclui aqueles seres com morfologia humanoide que podem aparecer em diversas formas: ***Boraró***, personagem-pessoa vestido com um *sutiro* (roupa) com as seguintes características: os pés alongados e virados para trás, completamente coberto de pelos que, batendo palmas com suas mãos de macaco produz um som igual ao do disparo de uma espingarda de grande calibre que produz uma vibração e um tremor que cerca metafisicamente a pessoa (tornando-a como uma presa dentro de sua armadilha de caça/pesca). Ele sente muita atração pelo cheiro da mulher menstruada que, para ele, tem o cheiro de frutas doces (abacaxi) que se expõem sem o *wetidarero* na mata; quando ele captura uma pessoa, enganando-a por seu cheiro, ele suga/chupa seu sangue por um orifício sensível no crânio chamando *mahsapé* ("buraco da pessoa"), feito isso ele infla a pessoa com seu sopro (como um balão), que volta para casa visivelmente atordoada e se deita na rede dizendo – boraró sisikãsĩ (fui chupada por boraró) e invariavelmente, seu corpo esvazia progressivamente do ar soprado por *boraró* e a pessoa morre. *Boraró* é *waikʉrã wiogʉ*, isto é, chefe/dono/mestre dos animais de caça.

Outro ser é ***Saropaʉ*** (batedor do tronco da árvore) ou ***saro wãhti***: de pequena estatura, cabelos longos e amarelados, é de boa índole mas gosta de assustar as pessoas batendo com um jabuti, seu machado, assustando sobretudo as crianças recém-nascidas (*bahsero* de susto/choro de criança que está assustada de estar neste mundo, *ati pati*).

Saro wahti

Nestas páginas desenhos / descrições de gente-floresta por Feliciano Gomes Lana.

***Biru*:** de estatura pequena, olhos vermelhos, de cor preta (*ñigʉ*, ele passa pela beirada dos rios e igarapés, e assusta os pescadores soprando (assobiando) com pequeno instrumento feito de barro (um tipo apito) que produz um som agudo e forte "biiiiiiiiiiiiiiiiiiru, biiiiiiiiii-iiiiru, biiiiiiiiiiiiiiiiiru" que alcança o mais profundo dos tímpanos da pessoa, por isso quando se ouve *biru*, deve--se afastar imediatamente daquele espaço, pois o sopro/assobio de *biru* atordoa a pessoa podendo até torná-la surda, este mesmo assobio assusta a criança recém-nascida como o *saropaʉ*.

O *ʉmʉãro wãhti* (ser que se desloca nos galhos das árvores): de corpo e membros alongados e com uma aparência simiesca (macaco chimpanzé), com muitos pelos que exalam um fétido odor desagradável que causa desmaio, náusea; com um ímpeto predador ele se joga no chão e persegue sua vítima, quebra o pescoço dela e devora imediatamente sua presa; na maioria dos casos o encontro com um *ʉmʉãro wãhti* se resume a uma perseguição que é abandonada. Persegue preferencialmente as mulheres menstruadas e aquelas pessoas que quebraram o *behtise* e comeram carne fria.

Biru

Ʉmʉãro wahti

Pũu wãhti* (ente rede):** são vistos como sombras noturnas, quando a pessoa sozinha sai nos arredores da casa, ele assusta as pessoas, mas não é um ser perigoso. ***Ta'puhti wãhti* (ente capim)**: com cabelos de capim, assusta as pessoas. ***Ohopuri wãhti* (ente banana):** cabelos de folha de banana, assusta. ***Pehka wãhti (ente lenha)**:** todo o seu corpo é coberto de feixes de lenha e quando anda produz um som de lenha sendo arrastada. ***Botepuri wãhti* (ente embaúba)**: cabelos e pelos de folhas de embaúba, assusta as pessoas à noite. ***Waro wãhti* (ente cuia)**: corpo formado de cuia (*waro*) produzindo o som de cuias se entrechocando (- kurukurukuru).

Estes seres *wahtiã* tentam sobretudo roubar/capturar/trocar o *heriporã* (coração) da criança pelo seu próprio *heriporã*, o que causa a morte da criança, que é levada (seu *heriporã*) para a casa do *wãhti* que roubou seu *heriporã*; eles assustam as crianças recém-nascidas, produzindo uma crise de choro repentina no recém-nascido, que pode ver estes *wahtiã* e se assustar. O susto e choro dessa criança dá um sinal de alerta aos pais, para que procurem o especialista (*kumu*, *yai*, *bahsegʉ* e *bayá*) para um *bahse ahporo*, isto é, refazer e arrumar/completar a formulação da proteção do espaço da criança recém-nascida (veículos: cigarro, breu-preto, *ʉrʉñoa* (carajuru aplicado no peito, no umbigo, nas palmas das mãos, nas solas do pé, orifícios auriculares, nas virilhas, na ponta da língua). Alguns *wahtiã* moram nos galhos, nos pés de árvores de grande porte que têm buracos ou que são de troncos ocos sejam de *kahti kʉhʉ* (árvore-viva) e no *umû susukuhu* (madeira-oco).

Waro wahti

Os *Yukʉmahsã*

Os *yukʉmahsã* são os *waikʉrã nʉhkʉka siarã* (animais terrestres) *e di'ta kohperi sañara* ou *di'ta mahsã*, gente da terra (paca, tatu etc.), *wʉrã* ou *wʉri mahsa* (pássaros), *yukʉ kohperi sañara* (abelhas, insetos que vivem nos ocos dos paus) *e tutipʉ sañara* ou *tuhti mahsa* (animais das árvores caídas, queixadas, cutias), *yukʉ dʉhpʉripʉ nirã* ou *dʉhpʉri mahsã* (que são gente que vive nos galhos), *ñeripʉ sañara* ou *ñeri mahsã*. Todos esses seres, enfim, vivem no espaço *di'ta nʉhkʉ* e para poder andar pela floresta é preciso a proteção dos *bahsese*. Os *yukʉ mahsã* podem também ser *behsu* (veículo) de ataques dos *waimahsã* e como muitos deles são presas e servem para alimentação humana é necessário a ação de *baase bahse ehkase* (purificação do alimento) para os consumir/comer sem perigo.

Os devidos cuidados começam antes mesmo da pessoa nascer, eles já devem se iniciar na gestação até ao primeiro banho pós-parto do *nipahkʉ sʉmʉã* (pais da criança em gestação); o *bahsegʉ* ou *kumu* faz *wetidarero* evitando e prevenindo de eventuais ataques do *yukʉ mahsã* e *nʉhkʉri mahsã*. A *nipahko* (mulher gestante) assim que sabe do seu estado vulnerável de gravidez procura apoio e conselho com sua mãe, que por sua vez solicita acompanhamento ao especialista para que este a proteja por meio de *bahsero* de *wetiro bahsero* da criança que está se formando no útero, do perigo potencialmente letal de *heriporã dohkayusé* (troca de *heriporã* por um *waimahsã*).

Periodicamente, o *bahsegʉ* faz *wetidaresé* prevenindo possíveis ações inesperadas dos *waimahsã*, aqueles *yukʉmahsã* citados acima tais como: *ñasaputisé* (acidente de toco, isto é, quando a pessoa pisa e é perfurada por um pedaço de madeira), *bʉrʉsé* (queda inesperada da altura de uma árvore), *pʉatʉse* (tropeço), *niãrotarisé* (náusea aguda e desmaio durante o trabalho na roça), *dʉhtese* (acidente com instrumentos metálicos de corte), *tarisé* (esmagamento por tombo de árvore ou galhos grandes). Tudo isso acontece quando se desconsidera a importância de *wetiro, kamotase e nisiose*. É importante situar do mesmo modo outras distinções significativas, como a variação da composição morfológica de acidentes de terra. Os modos de aparência dos espaços configuram, na perspectiva/visão dos especialistas, as *bahsaka wi'í ou bahsariwi'í* dos *waimahsã* e de *kʉyarã waikʉrã* (seus animais de estimação).

Dizem os *kumuã* que durante as caçadas de queixadas nos espaços situados nos declives topográficos (pé de serra, *nʉhkʉ bʉhkʉro*), o *wiogʉ* e condutor da vara de queixadas é o próprio *boraró*, por isso o caçador deve matar apenas as queixadas seguidoras. O *kumu* sabendo do habitat e dos hábitos dos diferentes *waimahsã*, oferece por meio do *wetidarero*: *ekatise patu* (ipadu de alegria), *ekatise mʉrorõ* (tabaco de alegria), *ekatise peru* (caxiri de alegria) como troca pela caça. Assim, por exemplo, no caso da caçada de queixadas, ele oferece este conjunto de *ekatise mʉropʉ* a *boraro*, assim este *waimahsʉ* se sente bem e, consumindo as ofertas feitas pelo *kumu*, ele se mantém no seu lugar e não nota a falta dos *kʉyarã waikʉrã* (seus animais de estimação).

As classificações do espaço *di'ta nʉhkʉ* são utilizadas pelo *kumu* durante suas ações de *bahsero*, isto é, são orientadas pelo conjunto dos *bahsese*. E também orientam as atividades habituais como abertura de roças, construção de casas e escolha de *mahkapãro* ("abertura de aldeia/comunidade"). Neste espaço *di'ta nʉhkʉ* podem ser distinguidas e classificadas cinco áreas (paisagens). Seguindo a perspectiva de uma pessoa que está adentrando nesse espaço temos: *buakearo* (plano inicial em leve declive), *dehko* (nível intermediário em declive mais forte), *mʉhapearo* (superfície plana da parte alta do declive).

Em cada formação há uma complexa composição de *di'ta* (solos/terras): *wahari bua nʉhkʉ* (terra arenosa de floresta), *di'ta ñiri bua nʉkʉ (terra preta de floresta), di'ta witari bua nʉkʉ* (terra argilosa de floresta) *omã di'ta ñiri bua nʉkʉ* ("terra-rã de floresta"), *omã di'ta nʉkʉ soãri bua* ("terra-rã vermelha de floresta"), *sawari/tari* (terras encharcadas – açaizal, buritizal), *pahsí* (tabatinga) da qual temos: *ewʉ buhtisé* (tabatinga branca), *soãsé* (tabatinga vermelha), *ñisé* (tabatinga preta).

No buakearo encontram-se árvores de médio porte mas resistentes quando derrubadas para abrir e fazer roça, isso quando ainda é *yukʉ bʉhkʉro*. Encontram-se também vários tipos de cipós úteis seja para armação da casa, confecção de balaios, armadilhas de pesca e de caça. De acordo com os tipos *di'ta nʉhkʉ* essa área encontra-se às vezes com mata fechada e *yukʉ puti* de várias espécies (árvores filhotes/pequenas). Para os Ye'pamahsã em *dehko e mʉhapeharo* encontram-se árvores de médio e grande portes de várias espécies, acompanhados também de vários tipos de *yuhku puti*.

Determinados espaços *di'ta nʉhkʉ* são também lugares por onde circula frequentemente *boraró*, já descrito anteriormente; este *waimahsʉ* tem seu espaço-domínio especialmente nas nascentes dos igarapés, nos locais onde se encontram concentrações de palmeiras diversas (buritizal, patauazal, açaizal, caranazal, palha branca), serras e lugares distantes das aldeias por onde os *Ye'pamahsã* não costumam andar com frequência.

Todos esses espaços e seres, como veremos, podem ser descritos e classificados através de *bahsese* específicos. Assim, nas fórmulas verbais dos *bahsese*, o *kumu* elenca os diversos elementos presentes no espaço *dita nʉhkʉ*. Os quatro espaços classificados (*yuku bʉhkʉro, tahtaboha, wiakaro, diakoe* – mata primária ou velha, caatinga, capoeira e igapó, respectivamente) podem ser ainda subdivididos entre aqueles que já foram utilizados um dia e estão se regenerando e aqueles que nunca foram alterados ainda.

Os primeiros ainda são divididos entre os de uso mais recente e os de uso mais antigo. Importante repetir também que todos os espaços originalmente, como afirmam os *Kihti ukʉse ukuse* são *bahsakawi'í* (casas) de *waimahsã* e que alguns espaços podem ser negociados pelos *kumuã* para que possam os *Ye'pamahsã niato nĩrã* e *darato nĩrã, dehsubaato ñirã*. Isto é, que vivam conforme um modo de existência coletivo e harmonioso, tanto no trabalho, quanto nas atividades de pesca, caça e coleta.

Desse modo, todos os espaços *di'ta nʉhkʉ* feitos e vividos pelos humanos eram antes domínios dos *waimahsã* e retornarão a eles quando não forem mais vividos e usufruídos pelos Ye'pamahsã. Vejamos com mais detalhes a

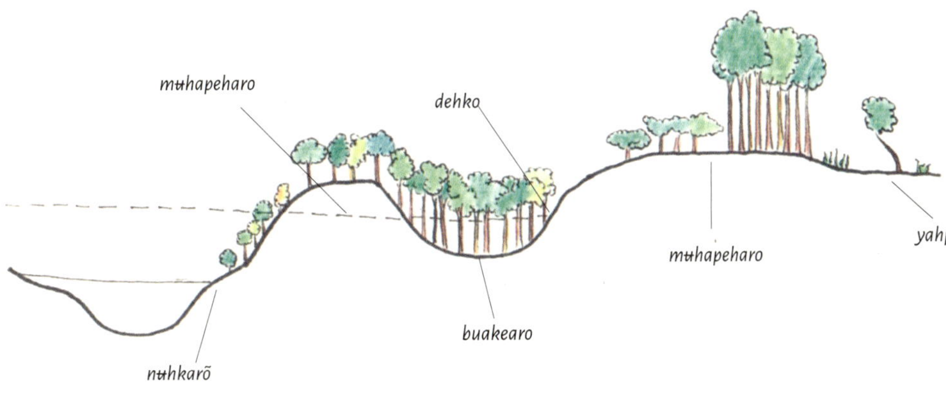

Relevo da geomorfologia na visão Yepamahsã

ocupação de cada espaço. Por esta razão abrir roça nesse espaço, retirar madeiras, cipós, requer ao *kumu* antecipadamente proceder ao *bahsero* de *wetidarero* (proteção), *kamotasé* (cerco) *e nisiosé* (abrandamento).

Para os Ye'pamahsã alguns tipos de árvores têm importância, por exemplo, *ʉtañimi* (a sorveira) serve para esculpir o banco *kumurõ* – lugar onde o corpo do *kumu* repousa, intui, pensa e se projeta; este *kumurõ* atual é intimamente relacionado com o *kumurõ* original, de dois tipos específicos usados pelos demiurgos nas tramas narradas nos *Kihti ukũse*: *ʉhta boho kumurõ* (*kumurõ* de quartzo) e *siõpuri kumurõ* (*kumurõ* brilhante de ouro/diamante/mármore). Da madeira extremamente dura e resistente da árvore *bʉhpo ori* (árvore-flor do trovão) se faz o *yaigʉ*, o bastão-lança insígnia de liderança, de domínio de conhecimentos e de conexão ontológica com *Bʉhpo* e que é usado pelo *baya*, *yaí* e *kumu*. Da mesma maneira, da palmeira *buhpú* (jupati) se faz *imisa* (pari, uma esteira) que é um elemento fundamental usado nas formulações dos *wetidarese* de cercamento de proteção para que a pessoa não seja atingida pelos ataques agressivos dos *waimahsã* e dos *ñaro ahkuasetirã* (os especialistas humanos com intenções malevolentes).

Para seu uso quotidiano, os Ye'pamahsã retiram também do espaço *di'ta nʉhkʉ* algumas madeiras conhecidas por *wasõri* (acaricuara) e *sopisʉ* (madeiras de lei, itaúba, *karepʉ*) para levantar suas casas; da palmeira *buhpú* (jupati) se confecciona *imisa*, *kahsawʉ*, *wairó*, *ewá* (diferentes tipos de armadilhas de pesca); três tipos principais de terra para pintura e decoração da frente e dos esteios da *bahsakawii*: *pahsibutise* (tabatinga branca), *ewʉpahsi* (tabatinga amarela) e *pahsi ñise* (tabatinga preta). Os grafismos feitos com estas terras-pinturas são reprodução de imagens provenientes da miração das pessoas sob o efeito do *kahpi* e são associadas à viagem da embarcação dos *Pamʉrimahsã*. A classificação e distinção desses espaços e seres foram extraídas do *bahsese* e do *kihti ukusé* que são domínios dos especialistas *bahserã* (*kumu*, *baya* e *yaí*). Por serem detentores do *bahsese* e do *kihti ukuse*, estes são responsáveis pela comunicação com os super-humanos *Waimahsã*. Em muitas ocasiões essa comunicação é essencial para o equilíbrio e ordenamento dos seres e coisas para a boa ordem do mundo. Antes de acessar os recursos naturais, antes de abrir roça, de entrar na terra-floresta, para que as gerações possam se suceder em harmonia e equilíbrio; enfim, tudo o que envolve o bem-estar dos seres e das coisas sobre a plataforma do espaço *Di'ta Nʉhkʉ* depende da mediação dos *kumuã* junto aos *Waimahsã*.

Os *kumuã* Ye'pamahsã afirmam por meio do *kihti ukũse* (narrativas míticas) que, após a concepção da plataforma terrestre propiciada pelo criador *Bʉhpó*, coube aos demiurgos *Yepa Oãkʉ* e *Yepario* a tarefa para a formação dos diversos espaços e seres que passaram a ocupar esse mundo. Ao constatar a homogeneidade da plataforma, *ambos os demiurgos* se encarregaram da diferenciação de três grandes espaços superiores *Ome* (aéreo), *Di´ta Nʉhkʉ* (terra/floresta) *e Ahko* (aquático). Cada um deles passou a ser casas de *waimahsã* e, em cada casa, seu dono com os seres ocupantes *(omemahsã, di'tamahsã e ahkomahsã)* ganharam papéis e funções específicas para o convívio harmonioso sobre a plataforma terrestre. Informam ainda os especialistas que sobre a plataforma terrestre, em um espaço subterrâneo, foi replicado tudo que temos sobre a plataforma. Esse espaço conhecido como *Wamʉdia* é uma réplica melhorada da plataforma onde vivemos. Dizem os especialistas que lá tudo e todos se encontram em perfeita harmonia. Não entrei em detalhes sobre esse espaço subterrâneo, visto que o ponto aqui é justamente apresentar uma descrição de *Di´ta Nʉhkʉ* (Terra/Floresta) sobre a plataforma terrestre.

Os *bahsese* são conhecimentos do *kumu*

Conhecimentos indígenas são discutidos no âmbito da política, ou melhor dito, da cosmopolítica. Esta discussão é resultado de conversas com parentes Ye'pamahsã. Vários foram debatedores *kumuã* que deram essa contribuição central ao resultado da minha dissertação, desde a época em que estive acompanhando as oficinas e encontros dos Agentes Indígena de Manejo Ambiental (AIMAs) junto com os *kumua* das diversas etnias do rio Tiquié. Já na minha trajetória na área de antropologia social em 2015 foi realizado Simpósio dos Kumuã, do qual participaram 11 *kumuã* Ye'pamahsã. Foi articulado pelos estudantes indígenas de antropologia junto com seus orientadores de pesquisa e coordenadores do Núcleo de Estudo da Amazônia Indígena – NEAI / UFAM.

Meus leitores *mahsã mami kura*, *dehkokaha kura* e *ya'patiri kura* e enfim aos *utumarimahsã* dos Ye'pamahsa, vocês podem então se perguntar: o que é a ciência Ye'pamahsa? Onde situar o mundo e as categorias ye'pamahsã dentro dessa ciência que é feita pelos *Pehkasã* em sua Maloca da Ciência? Este é um grande desafio para mim e para meus leitores. Enfrentei, enfrento e enfrentarei. Agora digo: enfrentaremos juntos, pois ao ler e acessar esse texto vocês também estarão conversando comigo, refletindo e por fim praticando *tʉoñase* comigo. O que fiz é um esforço de mostrar outras categorias, outras classificações, diferentes, do que são reino animal, vegetal, anfíbio e seus superiores. Encontrarão aqui outras categorias, outras formas de classificação, sendo meu objetivo conseguir mostrar uma parcela significativa das categorias dos conhecimentos dos Ye'pamahsã.

Leitores devem estar se perguntando: então já está tudo resolvido? Já estão elencadas todas as categorias dos conhecimentos ye'pamahsã? Nada saiu de maneira equivocada? Que nada! Ainda há muitas coisas a serem completadas. Pisei na bola e continuo pisando. Todavia, este foi e é um esforço de apresentar uma parcela de como se organizam e onde estão ancorados os conhecimentos Ye'pamahsã.

Esses conhecimentos são de *kumu*, dos *kumuã*, de *yaí* e *baya*! Dagoberto está querendo ser detentor dos conhecimentos como eles? Não, meus caros leitores. Estou embarcando em outra *canoa*, em outra dimensão dos conhecimentos, chamada de antropologia reflexiva. Sou um antropólogo Ye'pamahsã dedicado aos conhecimentos Ye'pamahsã. Por isso, estamos chamando o que fazemos de antropologia indígena, feito por indígenas, com base nos conhecimentos indígenas. Esse é um legado do meu trabalho. Esse estilingue do Davi, com tantas cores e sabores da língua Ye'pamahsã no texto, desafia o conhecimento da academia e exige a prática do diálogo com outros conhecimentos, ou epistemes, ainda que esses tenham pouco ou nenhum reconhecimento pelos cânones da ciência. Justamente por isso é um desafio, o desafio de pensar esquemas analíticos não ortodoxos capazes de ultrapassar a linha da disciplinaridade e das metodologias colonialistas e reducionistas, contribuindo para intervir, de forma plural, na construção da antropologia indígena na academia. O intuito é apontar para uma comunidade acadêmica epistemologicamente menos desigual e com mais respeito à diversidade socioambiental, isto é, tirar todas as consequências cosmopolíticas desta nova antropologia indígena e reflexiva■

a volta do pajé das águas ao território baniwa

O impacto da caça das ariranhas para comércio de peles em meados do século passado, que levou ao seu desaparecimento em várias regiões, e sua recuperação populacional posterior são focos dessa pesquisa no rio Içana

Natalia Camps Pimenta texto e pesquisa (construção do desenho amostral, captação de recursos, coleta de dados ecológicos, entrevistas, análise de dados)
Valêncio Walipere Macedo pesquisa (coleta de dados ecológicos, entrevistas), logística
Glenn Harvey Shepard Jr. pesquisa (construção do desenho amostral, contextualização histórica), revisão

Apresentação

A ariranha (*Pteronura brasiliensis*) foi a espécie mais impactada pelo comércio internacional de peles do século XX. O alto valor da sua pele e a facilidade de acesso dos caçadores aos ambientes aquáticos foram responsáveis pela severa queda das populações de ariranha em toda a Amazônia, fazendo com que a espécie fosse considerada extinta em diversas áreas de ocorrência histórica (Antunes et al., 2016; Carter & Rosas, 1997). Por ser um predador topo de cadeia[1] que se alimenta especialmente de peixe, e sensível às alterações ambientais, a ariranha é considerada uma espécie indicadora de qualidade ambiental e de recurso pesqueiro, o que a torna uma espécie-chave para a conservação dos ambientes aquáticos. Diante da importância ecológica da ariranha, e da ameaça da caça comercial sofrida pela espécie, medidas legislativas nacionais e internacionais foram adotadas para proibir a caça de ariranhas e demais animais silvestres para fins comerciais (Antunes et al., 2014). Cerca de 30 anos após a proibição da caça comercial, as populações de ariranha passaram a apresentar sinais de recuperação na Amazônia (Duplaix et al., 2015).

1 Espécies que se alimentam da carne de outros animais, mas não serve de alimento para nenhum outro animal silvestre, ou seja, está no topo da cadeia alimentar. Também são predadores de topo o jacaré, o boto, a onça e os seres humanos.

Ao lado Ariranha (*ñeewi*) avistada durante monitoramento do lago *Kaalipe*, próximo à comunidade Urumutum Lago.

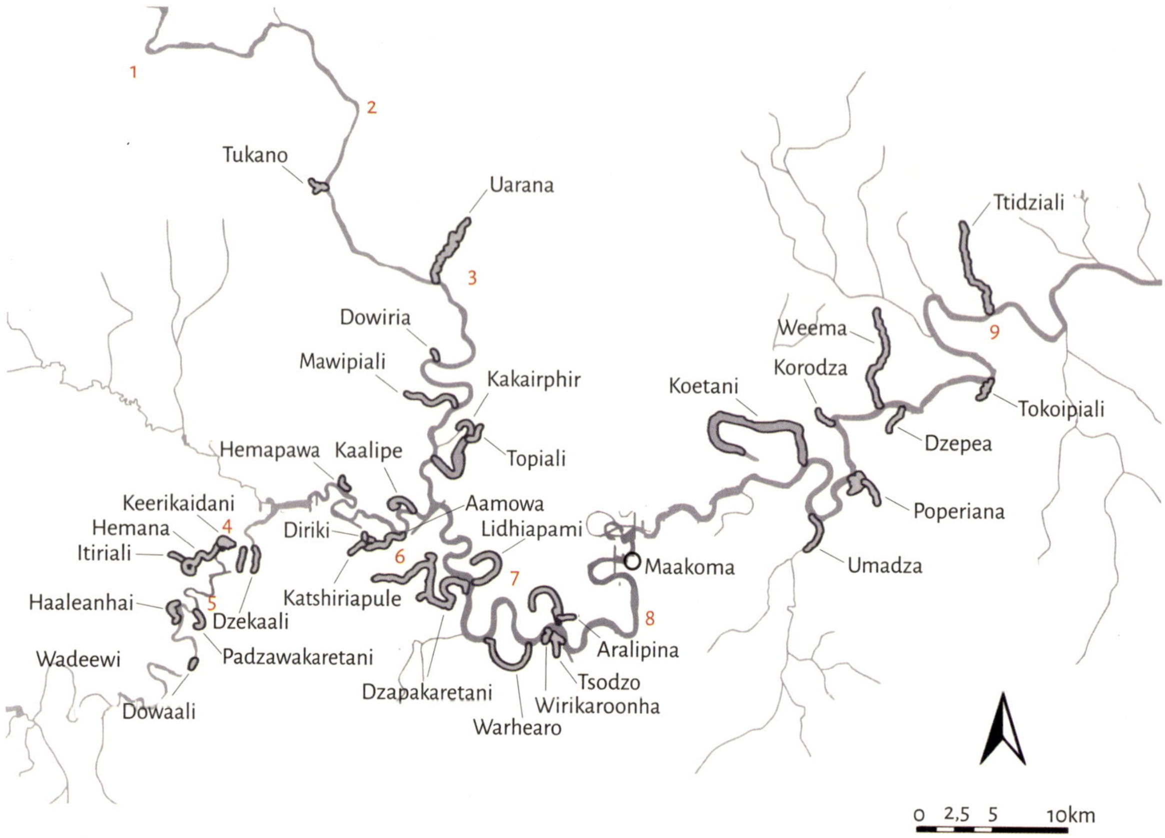

Fig.1 Mapa do Médio Rio Içana com a identificação dos lagos e igarapés monitorados, e com a localização das comunidades baniwa que participaram deste estudo.

A extinção local das ariranhas em decorrência da caça comercial do século XX e a recuperação da espécie foi relatada recentemente pelos índios Baniwa que habitam o rio Içana, no município de São Gabriel da Cachoeira (Pimenta, 2016). Conhecendo a relação das ariranhas com o recurso pesqueiro, os moradores locais chamaram a atenção para a necessidade de retomar as atividades voltadas para a criação de um plano de manejo de pesca na região (*Kophe Koyaanale*) visando regular o uso dos lagos e igarapés de forma sustentável, evitando danos ao processo de recuperação das ariranhas, e consequentemente, garantindo a manutenção do recurso pesqueiro essencial para o povo Baniwa. Nesse contexto é que desenvolvemos uma pesquisa colaborativa entre pesquisadores indígenas e não indígenas, para avaliar as condições ambientais que estão possibilitando a reocupação do território baniwa pelas ariranhas.

A bacia do rio Içana abriga uma grande diversidade de ambientes, formando um verdadeiro mosaico de paisagens que inclui áreas de caatinga (*hamáliani*), terra-firme (*éedzawa*), igapó (*álape*) e capoeira (*heñame*). Devido à forte relação das ariranhas com as áreas alagáveis, focamos este estudo no Médio Rio Içana, região dominada por igapós, que ali correspondem a áreas de solos arenosos pobres em nutrientes e cobertos por vegetação do tipo campinarana sazonalmente inundada por água preta, formando lagos e igarapés relativamente ricos em peixe (Shepard et al., 2004). A "região dos lagos", como também é conhecida, abriga as nove comunidades baniwa que participaram deste estudo: Jandu-Cachoeira (1), Tucumã (2), Bela Vista (3), Urumutum Lago (4), São José do Ayari (5), Loiro Poço (6), Tarumã (7), Arapasso (8) e Santa Marta (9) *Ver mapa da Figura 1*.

Desenvolvimento da pesquisa

A volta das ariranhas à região dos lagos do rio Içana foi trazida à tona em julho de 2014 através dos alunos da Escola Indígena Baniwa e Coripaco Pamáali (EIBC Pamáali) e pesquisadores indígenas da região. A partir de então iniciou-se uma articulação entre lideranças indígenas da Organização Indígena da Bacia do Içana (OIBI), Federação das Organizações Indígenas do Rio Negro (FOIRN), Fundação Nacional do Índio (FUNAI), pesquisadores do Instituto Nacional de Pesquisas da Amazônia (INPA) e representantes do ISA para a elaboração de um projeto de pesquisa intercultural que contribuísse para o avanço do plano de gestão ambiental e territorial na Terra Indígena Alto Rio Negro. Ainda no mesmo ano, a proposta foi apresentada e aprovada pelos moradores do rio Içana durante assembleia geral promovida pela OIBI. Em abril de 2015 realizamos uma viagem ao Médio Rio Içana para debater a pesquisa com as comunidades locais. Nesta viagem, guiada por Armindo Brazão (comunidade Tucumã), realizamos a seleção das comunidades e dos lagos e igarapés que seriam incluídos na pesquisa. Esta seleção foi feita juntamente com o pesquisador indígena Valêncio Macedo (comunidade Urumutum Lago), que ficou responsável por coordenar a pesquisa em âmbito local, devido a seu amplo conhecimento sobre a região dos lagos obtida durante o desenvolvimento de pesquisa voltada para o manejo de pesca na região (*Kophe Koyaanale*).

A pesquisa realizada no Médio Rio Içana ocorreu entre os meses de setembro e novembro de 2015. Durante este período realizamos entrevistas com os moradores buscando reconstruir a história oral dos Baniwa acerca da ocupação do território pelas ariranhas, desde sua origem até os dias atuais. Neste momento, as entrevistas foram direcionadas aos moradores mais antigos, conhecedores das histórias sobre a origem do universo baniwa, e que chegaram a participar da atividade de caça comercial na região. Foram eles: Alberto Lourenço (86 anos, Jandu Cachoeira), Pedro Brazão (73 anos, Tucumã), Gregório Guilherme (90 anos, Bela Vista), Eugênio Macedo (64 anos, Urumutum Lago), Isaias Macedo (59 anos, Urumutum Lago), André Lopes (68 anos, Tarumã), Edinaldo Macedo (64 anos, Tucunaré Lago), Lúcio Paiva (64 anos, Arapasso), Gabriel Paiva (61 anos, Arapasso), Januário Fontes (54 anos, Santa Marta) e Armando Fontes (65 anos, Santa Marta).

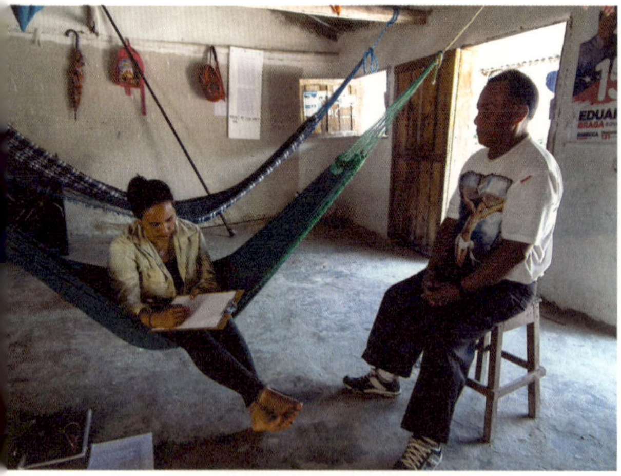

Fig.2 Entrevista com seu André Lopes, morador da comunidade Tarumã.

Fig.3 À esquerda, medição da transparência da água no lago *Mawipiali* por Valêncio Walipere; à direita, medição da inclinação do barranco no lago *Maakoma* por Juarez Paiva.

A recuperação de uma espécie localmente extinta depende da capacidade dos animais se moverem de locais distantes até as áreas impactadas pela caça, através da paisagem formada por diferentes tipos de vegetação e canais de água. Para compreender o efeito da paisagem no processo de recuperação das ariranhas, realizamos o monitoramento de 35 lagos e igarapés em busca de sinais diretos (grupos de ariranhas ou animais sozinhos) e indiretos (pegadas, fezes, toca, áreas de repouso e sinais sonoros) da ocorrência de ariranhas. Durante o monitoramento, registramos o tipo de hidrografia (lago ou igarapé) e de solo (arenoso, argiloso ou misto), inclinação do barranco, profundidade e transparência da água. Através de imagens de satélite calculamos o perímetro, área, forma, porcentagem de área alagável e isolamento do corpo de água[2]. A densidade de ariranhas (nº registros/km percorrido) foi então confrontada com os dados das características ambientais, possibilitando a identificação das características essenciais para a ocorrência de ariranhas na região.

Todas as entrevistas foram intermediadas pelo pesquisador indígena Valêncio Macedo, que também teve papel fundamental na organização logística e coleta de dados dos monitoramentos dos lagos e igarapés estudados. As atividades de monitoramento foram acompanhadas pelos demais colaboradores da pesquisa, que atuaram como informantes e representantes das comunidades locais na coleta de dados: Alípio dos Santos (Bela Vista), Juarez Paiva (Arapasso), Jaime Fontes (Santa Marta).

2 Considerando que as áreas de floresta inundada são ambientes ideais para as ariranhas, calculamos a quantidade de área alagável existente no entorno do corpo d'água. Considerando que as ariranhas se movem principalmente pela água, calculamos o isolamento do corpo hídrico pela distância de um lago/igarapé a outro. Para mais informações sobre as medidas de paisagem obtidas por imagens de satélite ver minha dissertação de mestrado "O Retorno das Ariranhas à Paisagem Baniwa" (Pimenta, 2016).

História da ocupação do médio rio içana pelas ariranhas

Segundo os moradores mais antigos do Içana, a origem das ariranhas ocorreu na época em que *Ñapirikoli*, criador do mundo e de todos os seres, vivia na Terra. Neste período os animais ainda não existiam e havia muitos homens estudando para se tornarem pajés. Um dia *Ñapirikoli* reuniu todos os candidatos a pajés para o ritual de iniciação, que consiste na invocação dos espíritos que lhes conferem poder de cura. A iniciação se dá através do uso do *dzáato* (em português, paricá) – produto preparado a partir da casca de uma grande árvore que quando moído e inalado é capaz de provocar visões. *Ñapirikoli* acendeu seu cigarro e soprou o paricá em cada um dos candidatos, que tiveram reações bastante distintas. Alguns tiveram fortes alucinações, mas conseguiram dominá-las e permaneceram ao lado de *Ñapirikoli*. Esses se tornaram os pajés que vemos hoje nas aldeias cuidando das pessoas. Outros não conseguiram dominar as fortes alucinações e saíram descontrolados em diferentes direções. Aqueles que saíram voando se transformaram em *Píittiri* (morcego), tornando-se pajés das aves. Outros saíram correndo mata adentro, transformaram-se em *awakaróna* (curupira) e se tornaram pajés dos animais da floresta. E aqueles que correram para o rio se transformaram em *amána* (boto), *pidoo* (lontra) e *ñeewi* (ariranha) e se tornaram pajés das águas, responsáveis pela saúde dos peixes.

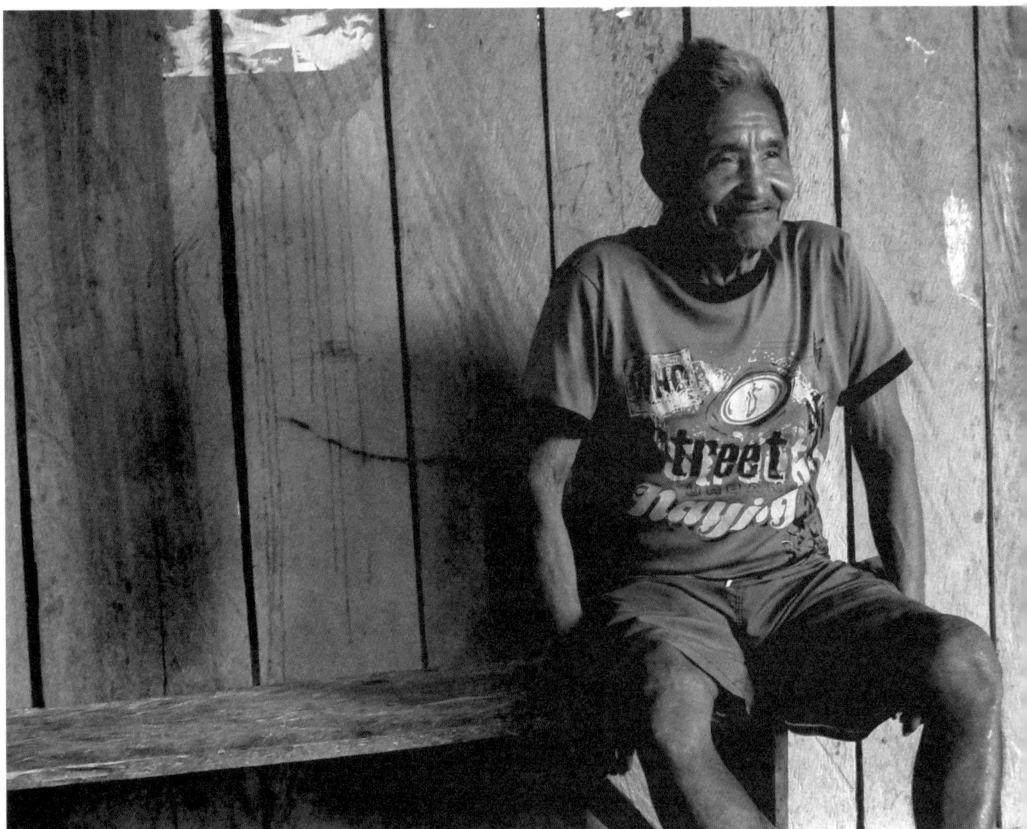

Fig.4 Gregório Guilherme (90 anos) da comunidade Bela Vista fala sobre a caça de ariranhas no Médio Rio *Içana*.

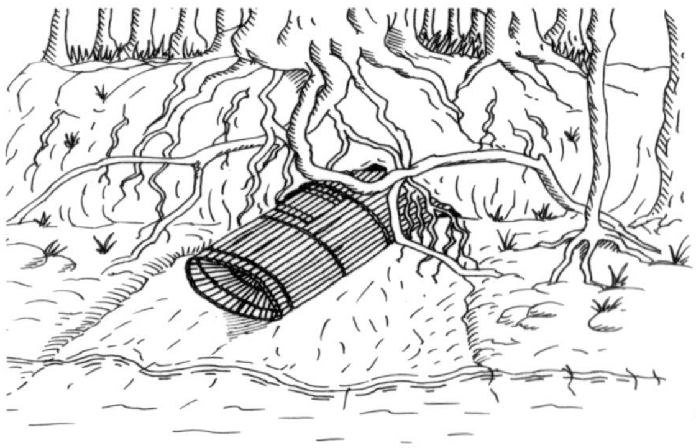

Fig.5 Caça comercial de ariranha utilizando matapi na entrada da toca.

Assim como os peixes, as ariranhas são capazes de se locomover por todo ambiente aquático. No entanto, a atividade de caça visando o comércio internacional de peles intensificada por volta de 1950 no rio Içana foi responsável por diminuir a ocorrência de ariranhas na região. No início da década de 1960 era comum ver o rio Içana movimentado por barcos regatões a serviço da empresa J.G. Araújo Ltda. em busca de couros e peles de ariranhas, lontras, onças, maracajás e jaguatiricas. Na época, a caça de ariranhas era realizada principalmente nos grandes lagos, mas grandes grupos de ariranhas podiam ser vistos em todos os lagos e igarapés da região, e até mesmo nas margens do rio Içana. Incialmente a caça no território baniwa era feita utilizando arco e flecha ou a armadilha de pesca conhecida por *dzaarokana* (matapi) na entrada da toca de ariranhas (*Figura* 5). Entretanto, o pagamento das peles através de cartuchos e espingardas fez com que as técnicas tradicionais de caça fossem rapidamente substituídas pelo uso de armas de fogo.

O aumento da caça predatória espantou as ariranhas do Médio Rio Içana. O poder dos pajés permitiu que elas se tornassem invisíveis aos olhos dos seus inimigos, fazendo com que não pudessem mais ser encontradas pelos caçadores. No início da década de 1970 já não havia mais ariranhas nem comércio de peles na região, pois sem a pele mais valiosa a atividade deixou de ser considerada rentável pelos Baniwa. Os raros relatos de encontros com ariranhas se resumiam às áreas de cabeceiras dos rios Aiari e Içana ou nas cabeceiras de longos igarapés. Nesta época em que as ariranhas deixaram o Médio Rio Içana, houve também o desaparecimento dos peixes da região. Alguns moradores antigos relatam que a redução do estoque pesqueiro se deu pela inclusão das malhadeiras na atividade de pesca, trazidas pelos regatões no início da atividade comercial no Içana. Outros dizem que o sumiço das ariranhas foi a principal causa da redução de peixes na região, pois eles teriam seguido seus pajés até as inacessíveis cabeceiras dos igarapés (*Figura* 6). A proibição do comércio de produtos feitos a partir de animais silvestres em 1975 foi responsável pela diminuição da pressão de caça por peles em toda a Amazônia. E por não fazer parte da dieta dos Baniwa, ariranhas nunca mais foram caçadas no rio Içana mas só voltaram a ser vistas na região cerca de vinte anos após o fim da caça comercial no rio Içana (1990). Hoje elas não são tão comuns como antigamente. Geralmente são encontradas nos grandes lagos e em grupos pequenos, indicativo de que este é apenas o início de um processo de recuperação populacional da espécie. No entanto, os sábios pescadores afirmam que com o retorno das ariranhas à paisagem baniwa os outros peixes também estão voltando, seguindo seu pajé.

A existência de seres que protegem os recursos naturais da floresta é bastante comum nas sociedades indígenas da Amazônia (Fausto, 2008), e vai de encontro à presença da ariranha como pajé das águas, que confere proteção aos ambientes aquáticos e sua fauna. Soma-se ao fato dos Baniwa serem exímios pescadores e conhecedores do ambiente aquático, evidenciado não apenas pela reconstrução da flutuação das populações de ariranhas em seu território, mas também pela relação de equilíbrio entre presa e predador evidenciada na descrição da distribuição de ariranhas vinculada à flutuação nas populações de peixes no Médio Rio Içana ao longo do período estudado. Tais relatos demonstram amplo conhecimento sobre a espécie, que possibilitou o resgate da história de ocupação do seu território tradicional pelas ariranhas.

Distribuição histórica (até 1950) **Áreas de refúgio (1970-1990)**

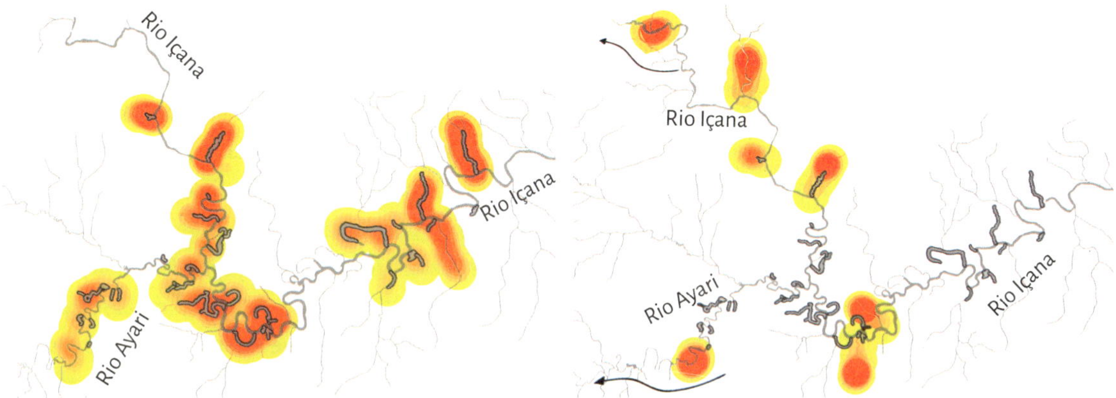

Fig.6 O mapa à esquerda mostra os locais de ocorrência de ariranhas antes do início da atividade de caça comercial no Médio Rio Içana; o mapa à direita mostra as cabeceiras onde as ariranhas se esconderam cerca de 20 anos após o início da caça comercial na região. Áreas em vermelho indicam os locais com mais ariranhas, e em amarelo, as áreas com menos ariranha.

Distribuição atual (2015)

Conhecimento indígena Amostragem ecológica

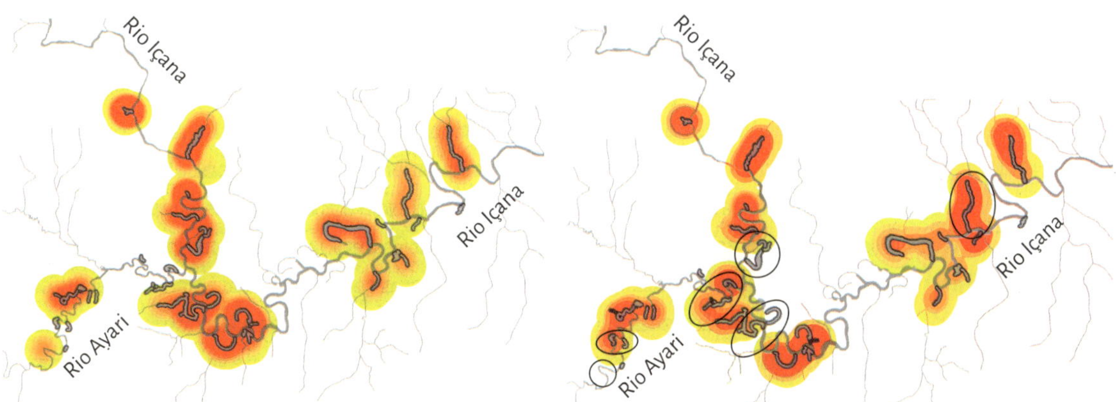

Fig.7 Os dois mapas mostram a atual distribuição das ariranhas no Médio Rio Içana, sendo áreas em vermelho os locais com mais ariranha, e em amarelo os com menos ariranha. O mapa da esquerda foi construído com base nos relatos dos pescadores baniwa, e o da direita foi baseado no monitoramento ambiental dos lagos e igarapés. Os círculos indicam os locais onde vimos pequenas diferenças entre as amostragens.

Quando comparamos o mapa da distribuição atual da espécie construído com base em relatos de avistamento de ariranhas pelos pescadores baniwa com o mapa construído a partir dos sinais de ocorrência de ariranhas encontrados durante o monitoramento dos lagos e igarapés da região (*Figura 7*), vemos que existem poucas diferenças, confirmando novamente a precisão do conhecimento indígena sobre os recursos existentes em seu território. As poucas diferenças encontradas entre os mapas (destacadas em azul) podem estar ligadas às preferências de locais de pesca: há maior número de relatos de encontro de ariranhas nos grandes lagos que são locais mais usados pelos pescadores (ex: *Kakairphir*, *Dzapakarettani*, *Lidhiapami*), e que estavam ainda muito cheios no período do estudo, dificultando o encontro de ariranhas durante as amostragens ecológicas. Enquanto isso nós registramos um maior número de ariranhas nos longos igarapés (ex: *Dzepea*, *Ttdziali*, *Wccma*) que neste período encontravam-se bastante secos, o que dificulta o seu acesso para a atividade de pesca, e por isso devem ser locais menos frequentados pelos pescadores.

Aproximando os relatos de ocorrência de ariranhas por pescadores às análises de dados ecológicos de lagos e igarapés, vemos que o processo de recuperação das ariranhas não está completo, mas está ocorrendo em praticamente toda a região do Médio Rio Içana. Esta recuperação só foi possível pela presença de áreas de refúgio nas cabeceiras dos longos igarapés, onde as populações puderam se manter enquanto havia caça na região. Essas áreas entre rios e de cabeceiras são indicadas como áreas de abrigo e reprodução da fauna por serem de difícil acesso a caçadores (Peres, 2000). Esses locais identificados pelos Baniwa (ex: cabeceira do igarapé *Tucano*, *Pamáali* e *Uarana*) permitiram a recuperação das populações de ariranhas no médio Içana, uma vez a atividade comercial proibida e reduzida a pressão de caça sobre a espécie.

O retorno das ariranhas à paisagem baniwa

É fato que as ariranhas estão retornando ao Médio Rio Içana, mas como podemos garantir o sucesso dessas novas populações na região? A paisagem é um dos fatores mais importantes para a reocupação de uma área por uma espécie que havia sido extinta. Nesse sentido, os resultados desta pesquisa indicaram que o baixo isolamento do corpo d'água é o fator mais importante para a ocorrência de ariranhas no Médio Rio Içana, seguido pela profundidade da água, quantidade de área alagada e forma do corpo d'água. Assim, a paisagem favorável para as ariranhas do Médio Rio Içana é formada por grandes áreas de floresta alagada, ambientes estreitos e rasos e, principalmente, que estejam conectados, seja por varadouros, paranás ou mesmo pequenos igarapés que liguem um lago/igarapé a outro.

Geralmente a área de vida[3] e a área de uso[4] da fauna varia de acordo com o tamanho do animal, ou seja, grandes animais precisam de mais espaço que animais pequenos. No caso das ariranhas, sua área de vida durante o período de seca em regiões de lagos naturais da Amazônia é estimada entre 0,5 e 2,8 km² (Staib, 2005; Utreras et al., 2005), e sua área de uso entre 0,1 a 1 km² (Groenendijk et al., 2015; Staib, 2005), que parecem bastante reduzidas quando comparado a outros animais do mesmo porte, como por exemplo a onça, que usa uma área até 30 vezes maior que as ariranhas ao longo da sua vida (Eisenberg & Redford, 2000). Essa diferença na área de vida e de uso das ariranhas em relação a outras espécies terrestres deve ser justificada pela importância da ligação entre os corpos d'água e à necessidade de grandes áreas de floresta alagada para sua ocorrência, reafirmando que a capacidade de se movimentar das ariranhas é limitada ao ambiente aquático, ainda que também seja capaz de andar por terra.

3 Área usada por um animal ao longo de toda a sua vida.

4 Área usada diariamente por um animal.

Locais COM registro de ariranha

Nº	Corpo Hídrico	Hidrografia	Densidade
1	*Dowiria*	Igarapé	1,00
2	*Aralipina*	Igarapé	0,40
3	*Wirikaroonha*	Lago	0,33
4	*Tukano*	Igarapé	0,29
5	*Dzepea*	Igarapé	0,25
6	*Uaranã*	Igarapé	0,21
7	*Diriki*	Igarapé	0,17
8	*Khaalipe*	Lago	0,14
9	*Korodza*	Igarapé	0,13
10	*Mawipiali*	Lago	0,13
11	*Weema*	Igarapé	0,13
12	*Ttidziali*	Igarapé	0,11
13	*Poperiana*	Lago	0,08
14	*Wadeewi*	Lago	0,07
15	*Hemana*	Lago	0,06
16	*Lidhiapami*	Lago	0,06
17	*Umadza*	Igarapé	0,06
18	*Warhearo*	Lago	0,05
19	*Dzekaali*	Igarapé	0,04
20	*Dzapakaretani*	Lago	0,02
21	*Koetani*	Lago	0,02

Locais SEM registro de ariranha

Nº	Corpo Hídrico	Hidrografia	Densidade
22	*Aamowa*	Lago	0,00
23	*Dowali*	Igarapé	0,00
24	*Haaleanhai*	Lago	0,00
25	*Hemapawa*	Lago	0,00
26	*Itiriari*	Igarapé	0,00
27	*Kakairphir*	Lago	0,00
28	*Katshiriapule*	Igarapé	0,00
29	*Keerikaidani*	Lago	0,00
30	*Maakoma*	Lago	0,00
31	*Padzawakarettani*	Lago	0,00
32	*Poperiana*	Igarapé	0,00
33	*Tokoipiaali*	Lago	0,00
34	*Topiali*	Igarapé	0,00
35	*Tsodzo*	Lago	0,00

Tabela 1. Relação dos lagos e igarapés do Médio Rio Içana monitorados neste estudo, indicando a densidade de ariranhas encontradas em cada corpo d'água. A densidade indica o número de vestígios deixados pelas ariranhas a cada quilômetro percorrido. Por exemplo, no caso do igarapé *Dowiria*, encontramos 1 indício a cada 1 km amostrado, já no igarapé *Aralipina* encontramos 4 indícios em 10 km amostrados. Ou seja, tem mais ariranha no igarapé *Dowiria* do que no *Aralipina*. Na tabela da esquerda estão listados os locais onde tivemos registros da espécie, sendo o local de número 1 o que possui mais ariranhas, e o número 21 o que possui menos ariranhas. Na tabela à direita estão os locais em que não tivemos registro da ocorrência da espécie.

Nas tabelas acima vemos que 7 dos 10 corpos d'água que apresentaram maior ocorrência de ariranhas são igarapés (*Tabela 1*). Os igarapés são geralmente ambientes mais rasos e alongados que os lagos, características que podem influenciar a ocorrência de ariranhas devido a suas exigências alimentares. Corpos d'água alongados são geralmente mais estreitos, fazendo com que as copas das árvores se encontrem e o canal de água fique quase todo coberto pela vegetação. Esta característica gera uma maior variação de pequenos ambientes nas margens dos corpos d'água, favorecendo uma maior diversidade de fauna aquática. Por ser um animal territorial[5] e que se alimenta principalmente de peixes, é possível que a ocorrência de ariranhas esteja ligada a corpos d'água mais alongados devido à preferência da espécie em manter como seu território áreas com maior quantidade e variedade de recurso pesqueiro. Já a ocorrência de ariranhas em ambientes rasos estaria relacionada com a facilidade de visualização e captura de peixes (Lima et al., 2012), contribuindo para o aumento do sucesso na pescaria, necessário para atender à alta demanda energética da espécie que pode consumir até 3kg de peixe por dia (Carter et al., 1999). Sendo assim, mais uma vez ressaltamos a importância desses pequenos corpos de água para recuperação das ariranhas no Médio Rio Içana.

5 Animais que escolhem uma área para se fixarem por um período de tempo, e que defendem este espaço de outros animais da mesma espécie.

Considerações para o manejo de pesca

A apresentação das ariranhas como pajés das águas, responsáveis pela saúde e flutuações nas populações de peixes, mostra que o conhecimento indígena vincula observações do ambiente e visões de mundo. O diálogo entre modos de conhecimento nos permite aprofundar o olhar sobre as formas de manejo da natureza pelos povos indígenas. Neste estudo, a união de saberes possibilitou gerar instrumentos para um plano de manejo de pesca do Médio Rio Içana, e também sugerir medidas para a conservação da espécie em áreas alagáveis da Amazônia. Sugerimos que os igarapés bem conectados a outros corpos d'água sejam levados em consideração como potenciais áreas de preservação no Médio Rio Içana, sendo esta uma forma de resguardar as populações de ariranhas e peixes em recuperação na região e evitar possíveis conflitos entre as ariranhas e a atividade pesqueira. No entanto, a escolha destes locais partirá dos próprios moradores, que devem levar em consideração tanto a conservação das ariranhas como o bem-estar dos Baniwa■

Agradecemos à *The Rufford Foundation* pelo apoio financeiro e à *Idea Wild* pela doação dos equipamentos usados durante esta pesquisa. Também agradecemos ao Adeilson Lopes e ao Beto Ricardo do Instituto Socioambiental pelo apoio técnico e intermediação com as lideranças indígenas; ao Domingos Barreto, Isaias Fontes e André Baniwa da Fundação Nacional do Índio (FUNAI), Federação das Organizações Indígenas do Rio Negro (FOIRN), e Organização Indígena da Bacia do Içana (OIBI), respectivamente, pelo incentivo para realização desta pesquisa; ao Seu Armindo Brazão, nosso guia, tradutor e companheiro no Içana. Especialmente, agradecemos às famílias das comunidades Jandu Cachoeira, Tucumã, Bela Vista, Urumutum Lago, São José do Ayari, Arapasso, Tucunaré Lago, Tarumã e Santa Marta por sua hospitalidade, interesse e contribuições para este estudo.

Referências

Antunes, A. P., Fewster, R. M., Venticinque, E. M., Peres, C. A., Levi, T., Rohe, F., & Shepard, G. H. (2016). Empty forest, or empty rivers? A century of commercial hunting in Amazonia. *Science Advances*, 2, 1–14.

Antunes, A. P., Shepard, G. H., & Venticinque, E. M. (2014). O comércio internacional de peles silvestres na Amazônia brasileira no século XX. *Boletim Do Museu Paraense Emilio Goeldi:Ciencias Humanas*, 9(2), 487–518.

Carter, S. K., & Rosas, F. C. W. (1997). Biology and conservation of the giant otter Pteronura brasiliensis. *Mammal Review*, 27(1), 1–26.

Carter, S. K., Rosas, F. C. W., & Cooper, A. B. (1999). Consumption rate , food preferences and transit time of captive giant otters *Pteronura brasiliensis*: Implications for the study of wild populations. *Auquatic Mammals*, 25(2), 79–90.

Duplaix, N., Evangelista, E., & Rosas, F. C. W. (2015). Advances in the study of giant otter (*Pteronura brasiliensis*): ecology, behavior, and conservation: a review. *Latin American Journal of Aquatic Mammals*, 10(2), 75.

Eisenberg, J. F., & Redford, K. H. (2000). *Mammals of the Neotropics, Volume 3: Ecuador, Bolivia, Brazil* (Vol. 3). University of Chicago Press.

Fausto, C. (2008). Donos demais: maestria e domínio na Amazônia. *Mana*, 14(2), 329–366.

Groenendijk, J., Hajek, F., Schenck, C., Staib, E., Johnson, P. J., & Macdonald, D. W. (2015). Effects of territory size on the reproductive success and social system of the giant otter, south-eastern Peru. *Journal of Zoology*, (9), 1–8.

Lima, D., Marmontel, M., & Bernard, E. (2012). Site and refuge use by giant river otters (*Pteronura brasiliensis*) in the Western Brazilian Amazonia. *Journal of Natural History*, 46(11–12), 729–739.

Peres, C. (2000). Effects of Subsistence Structure in Hunting on Vertebrate Forests Community. *Conservation Biology*, 14(1), 240–253.

Pimenta, N. C. (2016). *O Retorno das Ariranhas à Paisagem Baniwa*. Instituto Nacional de Pesquisas da Amazônia.

Shepard, G. H., Silva, M. N. F. da, Brazão, A. F., & Van der Veld, P. (2004). Sustentabilidade socioambiental de arumã no Alto Rio Negro. In *Terras indıgenas e Unidades de Conservaçao da natureza: o desafio das sobreposiçoes.* (Vol. 2002, pp. 129–143).

Staib, E. (2005). *Eco-etologia del Lobo de Río (Pteronura brasiliensis) en el sureste del Peru. Ayuda para Vida Silvestre Amenazada.* Sociedad Zoologica de Francfort.

Utreras B., V., Suárez R., E. R., Zapata-Ríos, G. R., Lasso, G., & Pinos, L. (2005). Dry and rainy season estimations of giant otter, *Pteronura brasiliensis*, home range in the Yasuní National Park, Ecuador. *Latin American Journal of Aquatic Mammals*, 4(2), 1–4.

informes

1. Etnobotânica no Alto Rio Negro

Pieter van der Veld, Felipe Storch e
Juliana Lins texto

Os 200 anos de nascimento do botânico Richard Spruce inspiram um projeto de etnobotânica no rio Negro desenvolvido em conjunto por conhecedores e pesquisadores indígenas e especialistas de várias instituições.

Os Agentes Indígenas de Manejo Ambiental estão fazendo pesquisa fenológica há anos – observando e registrando as florações e frutificações de diversas espécies, tanto cultivadas quanto silvestres. Os diários dos AIMAs também abrangem suas observações sobre a fabricação de artefatos, construção de casas, processamento dos produtos das roças e outros usos das plantas.

Em 2016 e início de 2017 foi executado o projeto "O valor das coleções bioculturais no Brasil: integrando diversas bases de dados", apoiado pelo Fundo Newton do Reino Unido por meio do Conselho Britânico (Edital - Institutional Skills 2015), do qual muitos AIMAs participaram com bastante entusiasmo. O projeto se concretizou através de uma parceria envolvendo o Jardim Botânico do Rio de Janeiro, o Jardim Botânico Real de Kew, o Instituto Socioambiental, a Universidade de Londres Birkbeck, a Federação das Organizações Indígenas do Rio Negro e o Museu Paraense Emílio Goeldi.

A iniciativa inspirou-se na celebração dos 200 anos de nascimento de Spruce em 2017 e 150 anos da passagem do naturalista pelo rio Negro. Spruce dedicou quinze anos de sua vida a explorar a Amazônia e a Cordilheira dos Andes, coletando plantas, fazendo anotações de como eram usadas e processadas no dia-a-dia de comunidades indígenas e ribeirinhas, e coletando objetos feitos a partir de matéria-prima vegetal. Nas suas andanças, explorou o alto rio Negro e seus afluentes, chegando até a cachoeira de Ipanoré no rio Uaupés em novembro de 1852, cachoeira que é o lugar de transformação da humanidade para os povos Tukano. Ele presenciou a cerimônia Jurupari com consumo do *kahpi*, também conhecido como *yagé* ou ayahuasca, tendo sido o primeiro botânico a descrever para a ciência uma das plantas que compõe a bebida, o cipó que ele denominou como *Banisteria caapi* (incluindo na nomenclatura científica o nome da planta em tukano, posteriormente a renomeada *Banisteriopsis caapi*). Esse é só um famoso exemplo do legado do naturalista que, em quinze anos de expedições, realizou mais de 8000 coletas. Todas essas plantas e objetos como arcos, flechas, cestarias, tinturas e até mesmo alimentos, passaram por um tratamento especial para serem preservados e até hoje estão depositados no Jardim Botânico Real de Kew, na Inglaterra. Um dos objetivos desse projeto, ou um de seus pretendidos desdobramentos, é o retorno da informação coletada por Spruce para os povos que ele visitou.

Entre 27 de outubro e 5 de novembro de 2016 foi realizada uma oficina de etnobotânica em São Gabriel da Cachoeira, com participantes indígenas dos rios Tiquié (das etnias Tukano, Tuyuka, Desana e Yebamasã), Içana (Baniwa e Koripaco) e Baixo Uaupés (Tukano e Piratapuya), além de pesquisadores das diversas instituições que compõem o Projeto. Os pesquisadores indígenas apresentaram diversos trabalhos seus relativos aos ciclos anuais do rio Tiquié, a agrobiodiversidade, cultura material, pimenta baniwa e paisagens florestais. Outros representantes indígenas, incluindo Yuhup, participaram de discussões e explicações dos usos de plantas. Já os pesquisadores não indígenas apresentaram algumas técnicas que adotam para coleta de material botânico e etnobotânico (plantas, artefatos, utensílios), noções básicas de sistemática vegetal, procedimentos da formação de coleções e conservação de plantas e artefatos indígenas em acervos, além de práticas da ilustração botânica.

A interação entre os pesquisadores indígenas e não indígenas abriu um diálogo para que as comunidades possam ter acesso ao conhecimento gerado sobre a região, através de pesquisas interculturais que reforçam a importância das pesquisas indígena como base das relações de colaboração entre comunidades indígenas e instituições de pesquisas.

Como desdobramento da oficina, foi elaborado e publicado um Manual de Etnobotânica, que deve servir para pesquisas indígenas e interculturais relativas ao tema. Além disso, doze pesquisadores indígenas dedicaram-se por cinco meses (com uma bolsa de estudo) a pesquisar o uso e processamento de plantas em suas comunidades, incluindo fotos, desenhos e textos. Nas páginas seguintes vamos mostrar alguns exemplos dessas pesquisas.

Foto.1 Treinamento em coleta de plantas para herbário, com o AIMA Mateus Gomes Macedo, Desana.

Foto.2 Treinamento em fotografia dos artefatos, com a AIMA Armindo F. Miguel Brazão da etnia Baniwa, e Felipe Storch assessor do ISA.

Foto.3 Desenhos de Ismael Pimentel dos Santos, Desana, produzidos durante a oficina.

Foto.4 O bolsista Jocival Rezende, da etnia Tuyuka, produzindo desenhos botânicos na comunidade.

Pesquisa sobre as cuias

Larissa Ye'padiho Mota Duarte, tukano de Taracuá no baixo Uaupés

Desde o princípio já existia a cuia. Basebó é o deus do alimento e responsável por multiplicar ou originar todos os tipos de plantas ou árvores frutíferas (ex., maniva, pimenta etc.), como também por criar os meios ou utensílios para os trabalhos da roça (peneira, tipiti...) e tudo o que envolve o mundo do alimento. O deus do alimento fez a cuia e, já pensando nas futuras gerações da humanidade, criou os quatro tipos ou famílias de cuia.

Wahto: serve para *patú bariwahro, ahko ehtooséwaha* (ritual de limpeza interior antes de tomar caapi) e como utensílio de cozinha para colocar chibé, mingau, maniquera.
Yasã waha: serve para fazer maracá e como utensílio de cozinha; serve para chibé, para tirar água da panela, esfriar mingau e servir caxiri.
Yamarú waha: serve como utensílio de cozinha; usada como concha, para quinhampira e para servir caxiri.
Bu'waha: serve como utensílio de cozinha, mas as mulheres quase não usam mais, por ser muito frágil. É pequena também. Tem a mesma função de *yasã waha*.

A cuia faz parte dos afazeres da casa no cotidiano indígena ou dos rituais, desde muito antes dos primeiros contatos com a sociedade não indígena. Como se sabe, muitas coisas importantes da cultura indígena foram impactadas pelo processo de "civilização". Atualmente não é muito visto o uso da cuia nem sua fabricação, pois segue sendo substituída pelos copos ou utensílios da sociedade envolvente. Se as novas gerações não se interessarem ou procurarem saber dessa técnica e conhecimento, as cuias serão as próximas a desaparecer.

Acima Fabricação de cuias e cabaças em São Pedro, alto rio Tiquié.

As roças de Pirarara-poço no rio Tiquié

Dona Oscarina entrevistou sete mulheres de sua comunidade sobre suas roças. As mulheres são Tuyuka, Desana, Tariana e Tukano. Se somar todas as roças dessas mulheres, são 20 roças no total. Em média cada mulher de Pirarara-poço possui 3 roças, a maioria delas em capoeira alta e baixa. Tirando as roças em mata velha (mata primária), que em geral ficam longe, até 2 horas de caminhada, as mulheres de Pirarara-poço em geral demoram meia hora para chegar até a roça. Cada mulher citou uma média de 12 variedades de manivas que servem para dezenas de usos: tapioca, beiju, manicuera, manicuera doce, caxiri, farinha, mingau, bolo, tucupi, beijucica, goma, farinha de tapioca, curada, manicuera, farinha seca, tapioca curada.

Pesquisa e ilustração de variedades de Pimenta Baniwa

As pesquisadoras Osinete e Silvia registraram e ilustraram juntas 56 variedades de pimenta encontradas nas comunidades de Tunuí Cachoeira e outras localidades do rio Aiary. O trabalho delas atualizou os bancos de dados sobre a diversidade de pimenta na comunidade de Tunuí Cachoeira e no seu entorno (localidades vizinhas no médio Içana). Nessa atualização elas identificaram e coletaram vários tipos de pimentas, fizeram sua descrição, ilustraram e montaram uma pequena carpoteca na comunidade. Seguem algumas das ilustrações realizadas pelas pesquisadoras.

Pesquisa e ilustração sobre as flores que as abelhas buscam

Genilton Apolinário, pesquisador e meliponicultor, observou e coletou para ilustrar algumas ervas ou árvores nativas existentes na região dele, comunidade Tunuí Cachoeira, no rio Içana. Essas são as plantas mais visitadas por diversas espécies de abelhas nativas, plantas conhecidas e acompanhadas desde antigamente pelos Baniwa. Quando elas florescem, as abelhas produzem mel em suas colônias. Na página ao lado seguem algumas das ilustrações realizadas pelo pesquisador Genilton.

Acima Variedades de pimenta do rio Içana. Ao lado Flores acessadas por abelhas nativas na região de Tunuí, médio Içana.

2. Manual de Etnobotânica

Plantas, Artefatos e Conhecimentos Indígenas

Esse é o título da publicação que é o primeiro resultado do projeto de etnobotânica. Lançada em 10 de outubro de 2017 no Jardim Botânico no Rio, complementa o treinamento em etnobotânica que teve início em 2016 com a oficina em São Gabriel da Cachoeira (AM). O manual busca fornecer orientações práticas de como coletar amostras de plantas e artefatos, documentá-las, classificá-las e preservá-las. Considera também questões sobre a ética de pesquisa ambiental de acordo com a legislação brasileira vigente, dá orientações sobre como acessar dados de acervos botânicos disponíveis em instituições científicas e como divulgar os novos acervos criados. Esse manual será distribuído nas regiões das bacias dos rios Uaupés e Içana tendo encartado sua tradução para as línguas tukano e baniwa, respectivamente. As traduções foram feitas por Dagoberto Lima Azevedo (para tukano) e Silvia e Daniel Benjamim Silva.

3. Lideranças indígenas de várias regiões do país participaram de curso sobre mudanças climáticas em Brasília

Representantes de 20 povos indígenas concluíram em outubro (2017) o curso de Mudanças Climáticas e Incidência Política, promovido pelo ISA e a Rede de Cooperação Amazônica (RCA), com apoio da Rainforest Foundation da Noruega (RFN). As atividades, realizadas em Brasília, contaram com a participação de 25 lideranças, de 17 organizações indígenas. Participaram da região do Alto Rio Negro, Almerinda Ramos de Lima, Tariana, diretora de referência da Coordenadoria das Associações Indígenas do Distrito de Iauaretê (COIDI) e Mauro Pedrosa, Tukano e coordenador local dos AIMAs em São Gabriel da Cachoeira.

Dividido em três módulos, o curso foi um espaço de aprendizado e troca de experiências sobre mudanças do clima e instrumentos para atuação política.

O primeiro módulo aconteceu em novembro de 2016 para refletir sobre a questão climática a partir do conhecimento indígena. O segundo módulo, "História, Ciência e Política sobre o Clima", aconteceu em maio, com cientistas falando das questões climáticas a partir da perspectiva da ciência ocidental. No último módulo foi discutido como as mudanças climáticas são tratadas na política brasileira. Essa etapa final foi concluída com um seminário na Câmara dos Deputados organizado pelo deputado Nilto Tatto (PT-SP), presidente da Comissão de Meio Ambiente. O foco do evento foi o entendimento indígena sobre as mudanças climáticas.

4. Pesquisas indígenas e interculturais são finalistas do Prêmio Jabuti

Dois livros elaborados em iniciativas de pesquisas indígenas e colaborativas interculturais na Amazônia ficaram entre os finalistas da 59ª edição do Prêmio Jabuti, a principal premiação literária do país.

Ciclos Anuais no Rio Tiquié. Pesquisas colaborativas e manejo ambiental no noroeste amazônico concorreu na categoria Ciências Sociais. Essa publicação já é bastante conhecida dos AIMAs e resulta de anos de trabalho no rio Tiquié, sendo utilizada como referência para a pesquisa e monitoramento que está se realizando em outras regiões da bacia. Esse livro pode ser o germe de um trabalho maior sobre os ciclos anuais na bacia do rio Negro, a ser elaborado pela atual rede de AIMAs, que já totaliza 50 em seis sub-regiões.

Ana Amopö: Cogumelos Yanomami foi vencedor na categoria Gastronomia. Escrito em sanöma, uma das línguas da família linguística Yanomami, e traduzido para o português, o volume resulta do trabalho de pesquisadores indígenas da região do Awaris, no extremo noroeste de Roraima, na Terra Indígena Yanomami, em parceria com assessores do ISA. O trabalho minucioso de catalogação de cogumelos comestíveis promove um diálogo entre conhecimentos indígenas e científicos■

contribuíram para esse volume▪

Adeilson Lopes da Silva Mestre em ecologia pelo INPA, trabalha no rio Içana desde 2005, é assessor-pesquisador do Programa Rio Negro do ISA.

Aline Scolfaro Mestre em antropologia pela UFSCar, é assessora-pesquisadora do Programa Rio Negro do ISA.

Aloisio Cabalzar Antropólogo, é coordenador-adjunto do Programa Rio Negro do ISA.

Américo Agostinho Conhecedor tariano, residente em Barcelos, narrador.

Armando Macedo Conhecedor desana, residente em Duhtura (Santa Rosa), no igarapé Castanha, afluente do médio Tiquié.

Bernardo M. Flores Doutor em ecologia pela Universidade de Wageningen (Holanda), é professor na Universidade Federal do Rio Grande do Norte (UFRN).

Clarindo Campos é tariana falante de tukano e português. Nasceu e cresceu em Marabitana, no médio rio Uaupés, mas já reside há mais de vinte anos em Barcelos. É liderança da Associação Indígena de Barcelos (ASIBA), ligada à rede de organizações e coordenações que formam a Federação das Organizações Indígenas do Rio Negro (FOIRN).

Cleidinaldo Santos Coordenador dos Agentes Indígenas de Manejo Ambiental da região de Barcelos e vice-presidente da Associação Indígena de Barcelos (ASIBA).

Dagoberto Lima Azevedo Doutorando em Antropologia Social-PPGAS/UFAM, é tukano de Pirarara-Poço, médio Tiquié. *(ver mais informações no texto)*

Dzoodzo Baniwa / Juvêncio Cardoso Licenciado em Física Intercultural/IFAM, com especialização em Educação Escolar Indígena/ UFAM. É coordenador adjunto e pesquisador indígena do projeto Monitoramento Ambiental e Climático no rio Aiari. É também professor municipal e estadual e coordenador da Coordenadoria das Associações Baniwa e Koripako – CABC / FOIRN. *(ver mais informações no texto)*

Elísio Ferreira Conhecedor baré da comunidade Tapajós, abaixo da cidade de São Gabriel da Cachoeira. *(ver mais informações no texto)*

Eliseu Mourão Ferreira Agente Indígena de Manejo Ambiental da comunidade de Tapajós, abaixo da cidade de São Gabriel da Cachoeira.

Feliciano Lana Conhecedor e artista plástico desana. Originário da comunidade de São João, no médio Tiquié, vive há duas décadas na cidade de São Gabriel da Cachoeira.

Felipe Storch Graduado em economia, é assessor do Programa Rio Negro do ISA.

Glenn Harvey Shepard Jr Pesquisador do Departamento de Antropologia do Museu Paraense Emílio Goeldi.

Higino Pimentel Tenório Poani Tuyuka, liderança indígena. Liderou movimento de seu povo, no alto Tiquié, para criar novo modelo de educação escolar, com a revitalização de língua tuyuka. Atualmente assessora a FOIRN e a Secretaria de Educação municipal.

Juliana Lins Mestre em botânica pelo INPA, é assessora-pesquisadora do Programa Rio Negro do ISA.

Leôncio Neli Bosco é baré, falante de nhengatu e português. Nasceu e morou toda sua vida no rio Jurubaxi, em Santa Isabel do Rio Negro. Seu pai, original da comunidade Curicuriari, veio para o Jurubaxi trabalhar no extrativismo de sorva, onde conheceu sua mãe. Na juventude Leôncio trabalhou com extrativismo de sorva, cipó, castanha e seringa, e também como pescador de peixes ornamentais. Atualmente é agricultor e presidente de sua comunidade Acariquara.

Maria Assunção Faus da Silva Dias Professora titular do Departamento de Ciências Atmosféricas da Universidade de São Paulo, é membro da Academia Brasileira de Ciências e do IPCC (Painel Intergovernamental de Mudanças Climáticas).

Mario Campo Conhecedor desana de São Sebastião, no igarapé Castanha, afluente do médio Tiquié.

Natalia Camps Pimenta, mestre em ecologia pelo Instituto Nacional de Pesquisas da Amazônia (INPA) e bolsista do Museu Paraense Emilio Goeldi. Desde outubro de 2017 faz parte da equipe de Programa Rio Negro do ISA.

Oscarina da Silva Caldas Desana, moradora e agricultora em Acará-Poço, médio Tiquié. É esposa de Rafael, com quem tem filhos e filhas.

Pieter-Jan van der Veld Graduado em agronomia, é assessor-pesquisador do Programa Rio Negro do ISA.

Rafael Antônio Azevedo Tukano, morador, pescador e agricultor em Acará-Poço, médio Tiquié. Marido de Oscarina.

Tarcísio Barreto Conhecedor tukano de São Domingos, alto rio Tiquié.

Teodoro Barbosa Conhecedor yebamahsa de Pinoperi (São Felipe), no alto igarapé Castanha.

Thaissa Sobreiro Doutora em ecologia e sociologia pela Universidade da Flórida, é assessora-pesquisadora do Programa Rio Negro do ISA.

Valêncio Walipere Macedo Conhecedor baniwa do médio rio Içana.

créditos das imagens

Capa **Desenho de Feliciano Lana**

P. 18 (1ª coluna) **Aloisio Cabalzar, Aloisio Cabalzar, Edilson Ramos,** (2ª coluna) **Thaissa Sobreiro, Aline Scolfaro, Felipe Storch**

Mapa pp. 32-33 **Rosimeire Sacó**

P. 36 **Desenhos de Cezar Meira, Jocival Rezende, Larissa Duarte**

P. 40 **Desenho de Feliciano Lana**

P. 50-59 **Desenhos de Cezar Meira, Jocival Rezende, Larissa Duarte**

P. 60 **Desenho dos Agentes Indígenas de Manejo Ambiental dessa região**

P. 64 **Felipe Storch**

P. 68 **Desenho dos Agentes Indígenas de Manejo Ambiental dessa região**

P. 74-75 **Adeilson Lopes da Silva**

P. 78 **Adeilson Lopes da Silva**

Pp. 82, 86, 89, 90, 94 **Desenhos de Feliciano Lana**

P. 85 **Thaissa Sobreiro**

P. 92 **Juan Soler**

Pp. 98, 100-1, 105 **Aloisio Cabalzar**

Pp. 106, 110, 112 **Bernardo Flores**

Mapa p. 114 **Renata Alves**

P. 116 **Desenho de Pascoal Lana**

P. 118 **Pieter van der Veld**

P. 120-1 **Desenho de Feliciano Lana**

P. 122 **Stephen Hugh-Jones**

P. 125 **Vincent Carelli**

P. 126 **Stephen Hugh-Jones**

P. 130 **Desenho de Jocival Rezende**

P. 132 **Aloisio Cabalzar**

Pp. 138-141 **Desenhos de Feliciano Lana**

Pp. 148-153 **Natalia Camps Pimenta**

P. 152 **Desenho de Ramiro Melinsk**

P. 158 **Desenho de Osinete Macedo Paiva**

P. 160 **Pieter van der Veld**

P. 161 **Edilson Ramos**

P. 162 **Desenho Silvia Silva Baniwa**

P. 163 **Desenhos de Genilton Apolinário**

aru

revista de pesquisa intercultural da bacia do rio negro, amazônia

Ano 1, número 1, outubro de 2017 **Aru é uma revista semestral do Programa Rio Negro do Instituto Socioambiental.**

Editores **Aloisio Cabalzar, Juliana Lins, Aline Scolfaro, Thaissa Sobreiro, Felipe Storch, Pieter van der Veld** Ilustrações **Feliciano Lana**

Projeto Gráfico **Bruna Keese** Revisão **Flora Dias Cabalzar e Aloisio Cabalzar** Traduções tukano / português **Dagoberto Lima Azevedo**

ISSN **2594-4843** Impressão **Gráfica Aquarela** Tiragem **3.000 exemplares** Papel **Avena 90g/m²** Fontes **Alegreya e Alegreya Sans**

Instituto Socioambiental

O Instituto Socioambiental – ISA é uma associação sem fins lucrativos, qualificada como Organização da Sociedade Civil de Interesse Público (Oscip), fundada em 22 de abril de 1994, por pessoas com experiência na luta por direitos sociais e ambientais. Tem como objetivo defender bens e direitos sociais, coletivos e difusos, relativos ao meio ambiente, ao patrimônio cultural, aos direitos humanos e dos povos. O ISA produz estudos e pesquisas, desenvolve projetos e programas que promovam a sustentabilidade, valorizando a diversidade socioambiental.

Para saber mais sobre o ISA visite: www.socioambiental.org

O Programa Rio Negro promove e articula processos, projetos e múltiplas parcerias visando a qualidade de vida, a valorização da diversidade socioambiental e a produção colaborativa e intercultural de conhecimento na Bacia do Rio Negro, Noroeste Amazônico. São 45 povos indígenas, e cerca de 62% do território está sob alguma forma de proteção legal. O Programa Rio Negro mantém importantes parcerias com a Federação das Organizações Indígenas do Rio Negro (FOIRN), Hutukara Associação Yanomami (HAY), Conselho Indígena de Roraima (CIR) e com outras organizações da sociedade civil e instituições de pesquisa.

ISA SÃO PAULO
Av. Higienópolis, 901, 01238-001, São Paulo (SP)
tel: (11) 3515-8900 / fax: (11) 3515-8904
isa@socioambiental.org

ISA BRASÍLIA
SCLN 210, bloco C, sala 112, 70862-530, Brasília (DF)
tel: (61) 3035-5114 / fax: (61) 3035-5121
isadf@socioambiental.org

ISA MANAUS
Rua Costa Azevedo, 272, 1º andar, Largo do Teatro, Centro, 69010-230, Manaus (AM) tel/fax: (92) 3631-1244/3633-5502
isamanaus@socioambiental.org

ISA SÃO GABRIEL
Rua Projetada, 70, Centro, Caixa Postal 21, 69750-000, São Gabriel da Cachoeira (AM) tel/fax: (97) 3471-1156
isasgc@socioambiental.org

A Federação das Organizações Indígenas do Rio Negro – FOIRN é uma associação civil, sem fins lucrativos, sem vinculações partidárias ou religiosas, fundada em 1987 para defender os direitos dos povos indígenas que habitam a região do rio Negro, no Estado do Amazonas – Brasil. Compõe-se de 93 organizações de base, que representam as comunidades indígenas distribuídas ao longo dos principais rios formadores da bacia do rio Negro. São cerca de 700 comunidade e sítios, onde habitam mais de 55 mil índios, compreendendo quase 10% da população indígena do Brasil, pertencentes a 24 grupos étnicos diferentes, representantes das famílias linguísticas Tukano, Aruak e Maku, numa área de 116.000 km2 no Noroeste Amazônico Brasileiro. A FOIRN foi reconhecida como entidade de utilidade pública estadual pela Lei nº 1831/1987.

FOIRN
Av. Álvaro Maia, 79, 69750-000
São Gabriel da Cachoeira - AM - Brasil
tel/fax: (92) 3471-1632 / 3471-1254
foirn@foirn.org.br

apoio

GORDON AND BETTY MOORE FOUNDATION

MISTO Papel FSC FSC® C015198